全国信息化工程师—NACG 数字艺术人才培养工程指定教材
全国高等院校数字媒体专业"十二五"规划教材

Illustrator 平面图形设计
项目制作教程

主　编　黄　岩　杨昌洪
副主编　田　鉴　李　玮
　　　　　何加健　陶宗华

U0295148

上海交通大學 出版社

内 容 提 要

本书主要讲解 Adobe Illustrator 软件的基本操作界面、工具的使用、钢笔工具绘图、符号的应用、创建不透明蒙版、创建网格等知识，并采用一线实例介绍了平面图形、特效艺术字、图像材质及矢量插画设计、平面海报设计、包装设计、书籍装帧设计、产品造型设计等项目的制作。

本书主要面向平面设计用户，适合初、中级读者学习使用，也可供从事广告设计、插画设计、平面设计制作人员自学参考，也可作为大中专院校相关专业、相关计算机培训班的教学用书。

图书在版编目(CIP)数据

Illustrator 平面图形设计项目制作教程/黄岩，杨昌洪主编. —上海：上海交通大学出版社，2012

全国高等院校数字媒体专业"十二五"规划教材　全国信息化工程师—NACG 数字艺术人才培养工程指定教材

ISBN 978 - 7 - 313 - 08269 - 5

Ⅰ.①I… Ⅱ.①黄…②杨… Ⅲ.①图象处理软件—高等学校—教材 Ⅳ.①TP391.41

中国版本图书馆 CIP 数据核字(2012)第 145373 号

Illustrator 平面图形设计项目制作教程

黄　岩　杨昌洪　主编

上海交通大学 出版社出版发行

(上海市番禺路 951 号　邮政编码 200030)

电话：64071208　出版人：韩建民

上海锦佳印刷有限公司印刷　全国新华书店经销

开本：787mm×1092mm　1/16　印张：16　字数：416 千字

2012 年 7 月第 1 版　2012 年 7 月第 1 次印刷

ISBN 978 - 7 - 313 - 08269 - 5/TP　定价：63.00 元

全国信息化工程师—NACG数字艺术人才培养工程指定教材

高等院校数字媒体专业"十二五"规划教材

编写委员会

本书编写人员名单

主　编　黄　岩　杨昌洪

副主编　田　鉴　李　玮　何加健　陶宗华

参　编　尹长根　李　磊　杨晓飞　冯　艳

序

　　数字媒体产业在改变人们工作、生活、娱乐方式的同时,也在新技术的推动下迅猛发展,成为经济大国的重要支柱产业之一。包括传统意义的互联网及眼下方兴未艾的移动互联网,无不催生数字内容产业的高速发展。我国人口众多,当前又处在国家战略转型时期,国家对于文化产业的高度重视,使我们有理由预见在全球舞台上,我们必将成为不可忽视的重要力量。

　　在国家政策支持的大环境下,国内涌现了一大批动漫、游戏、后期制作等专业公司,其中不乏佼佼者。同时国内很多院校也纷纷开设了动画学院、传媒学院、数字艺术学院等新型专业。工作中我接触到许许多多动漫企业和学校,包括美国、欧洲、日韩的企业。很多企业都被人才队伍的建设与培养所困扰,他们不但缺乏从事基础工作的员工,高级别的设计师更是匮乏。而相反部分学校的学生毕业时却不能很好地就业。

　　作为业内的一份子,我深感责任重大。我长期以来思考以上现象,也经常与一些政府主管部门领导、国内外的企业领导、院校负责人探讨此话题。要改变这一现象,需要政府部门的政策扶持、企业单位的参与以及学校的教学投入,需要所有业内有识之士的共同努力。

　　我欣喜地发现,部分学校已经按照教育部的要求开展校企合作,引入企业的技术骨干担任专业课的教师,通过"帮、带、传"培养了学校自己的教学队伍,同时积累了丰富的项目化教学经验与资源。在有关部门的鼓励下,在热心企业的支持下,在众多学校的参与下,我们成立编委会,组织编写该项目化教材,希望把成功的经验与大家分享。相信这对于我国数字艺术的教学改革有着积极的推动作用,为培养我国高级数字艺术技能人才打下基础。

　　最后受编委会委托,向给予编委会支持的领导、企业界人士、所有编写人员表示深深的感谢。

朱培元

2012 年 5 月

前　言

　　当数字化技术介入媒体之后,新的媒体形式开始打破传统媒体的界限,出现了电影、多媒体光盘、交互多媒体、网络等传播方式,它们以相融的方式并存着。新型媒体对于人的审美体验方式的转变是巨大而深刻的,而掌握一门与此相关的技术对于此行业的从业人员来说则是必不可少的。

　　Illustrator CS5 是 Adobe 公司推出的最新版本的矢量图形软件。借助 Adobe Illustrator CS5 这个强大的创作工具软件,可以设计精准、强大的矢量图形;在透视中实现精准的绘图,创建宽度可变的描边,使用逼真的画笔进行绘制;借助多个画板、元件、绘图增强功能以及"外观"面板中编辑对象特点的功能实现高效工作;充分利用与其他 Adobe 应用程序的顺畅集成,以及对几乎任何图形文件的支持。总之,在这里可以尽情挥洒无穷的创意,因此 Adobe Illustrator CS5 已经被广泛应用到广告、商业插画、包装、书籍装帧、产品设计等领域,并得到了广大平面设计师的肯定,是目前最优秀的平面设计软件之一。

　　本书在编排体例上进行了创新,以左右分栏的形式,可对知识的讲解有清晰的划分,左栏包含软件相关知识点及实例操作过程当中涉及的问题;右栏是实例制作步骤的详解。读者在阅读时,可根据对知识性质的需求进行选择性阅读。相信这样的体例编排将使学习更具有针对性与趣味性。

　　全书共9章,设计18个经典实例操作,涉及 Illustrator CS5 在游戏图标、平面图形、特效艺术字、图像材质及矢量插画设计、平面海报设计、包装设计、书籍装帧设计、产品造型设计等诸多领域的应用。

　　本书在教学中可安排90课时(含上机),建议课时分配如下:

章　节	内　　容	课　　时
1	游戏图标实例绘制	6
2	平面图形实例设计	6
3	特效艺术字实例制作	6
4	图像材质创意制作	12
5	矢量插画设计与制作	12
6	平面海报设计与制作	12
7	产品包装设计与制作	12
8	书籍装帧设计与制作	12
9	产品造型设计与制作	12
	合计	90

本书配有多媒体课件,包含了主要实例的制作过程和全部素材。读者多媒体课件,配合书中的讲解可以达到事半功倍的效果。读者可从以下网址下载多媒体课件:www. jiaodapress. com. cn, www. nacg. org. cn。

本书图文并茂,可作为广告设计人员、包装设计人员、平面设计师的辅助用书,也可作为高等院校电脑艺术设计及电脑动画专业的教材用书。

由于时间仓促,加之编者水平和工作经验有限,书中难免有疏漏和不当之处,敬请广大读者批评指正。

编 者

2012 年 6 月

游戏图标实例绘制

1

本课学习时间：6课时	**教学难点**：图标设计与制作
学习目标：图形图像基础知识，Illustrator CS5 基本操作，游戏图标实例绘制	**讲授内容**：图形图像的基本知识，熟悉 Illustrator CS5 操作界面，绘图工具库，游戏图标
教学重点：掌握计算机的基本知识和常用的术语，熟悉 Illustrator CS5 操作界面	**课程范例文件**：\chapter1\RSS ICON. ai，\chapter1\叶子图标. ai

　　在学习 Illustrator CS5 之前，首先需要掌握和了解图形图像的基本知识、常用的术语，如矢量图与位图、分辨率等；其次，应熟悉 Illustrator CS5 基本操作界面。

案例一　RSS ICON

案例二　叶子图标

本章课程总览

1.1 RSS ICON

知识点：创建新文件、分辨率、基本图形绘制、图像的色彩模式

知 识 点 提 示

矢量图和位图：

矢量图和位图是计算机存储和显示图形图像的两种不同方式。位图又称为"栅格图像"，是由排列成网格的一个个小方形构成的，这些小方形称为像素。每个小方块就是一个像素。当用缩放工具将图像放到足够大时就可以看到类似马赛克的效果，这些像素拼合在一起显示为完整的图像。每个像素都有特定的位置和颜色值，单位面积内的像素越多，分辨率（dpi）就越高，图像的效果就越好。如Adobe photoshop 位图，放大后可以看到图像边缘的锯齿。

01

运行 Adobe Illustrator CS5，执行"文件 > 新建"命令，创建一个尺寸为 128px×128px 的图形文件，设置"颜色模式"为 RGB，再单击"确定"按钮，如图 1-1 所示。

图 1-1

02

点击"圆角矩形工具"，按住 Alt 键在绘图页面中单击，弹出对话框，设置宽度为 128 px，高度为 128 px，圆角半径为 13 px，如图 1-2 所示。单击"确定"按钮，完成的圆角矩形效果如图 1-3 所示。

图 1-2

图 1-3

矢量图是指由 Adobe Illustrator 等矢量图形软件产生的图形，它由一些用数字公式描述的曲线组成，其基本组成单元是锚点和路径。不论放大多少倍，它的边缘都是平滑的。因为矢量图具有与分辨率无关的特点，所以当要制作无论怎样放大或缩小都必须保持清晰线条的图形时，矢量图形是表现这些图形的最佳选择。

Illustrator CS5 主要功能就是对矢量图形进行制作和编辑，而且能够对位图进行处理，也支持矢量图与位图之间的相互转换。

分辨率

分辨率指每单位长度内所包含的像素数量，表示为 ppi（像素每英寸）或 dpi（点每英寸）。一般 ppi 用于计算机显示方面，dpi 用于打印、印刷方面。单位长度内像素数量越大，分辨率越高，图像的品质也就越好。分辨率有以下几种：

1. 图像分辨率

位图图像中每英寸像素的数量，常用像素分辨率表示。高分辨率的图像比同等尺寸的低分辨率的图像包含的像素更多，因此像素点更小。例如，分辨率为 72 的图像块共包含5 184个像素（72 像素宽 72 像素高＝5 184像素），而同样是英寸，但分辨率为 300 的图像总共包含90 000个像素。图像应采用什么样的分辨率，最终要以发布媒体来决定。如果图像仅用于

03

接下来为圆角矩形添加颜色。执行"窗口"→"渐变"命令，在弹出的"渐变"面板中设置"类型"为线性，设置渐变色标，颜色为浅橘色（R251，G172，B63）、橘黄色（R247，G147，B62），如图 1-4 所示。完成的最终效果如图 1-5 所示。

图 1-4

图 1-5

04

对图层中的圆角矩形图形执行"对象"→"路径"→"位移路径"命令，在弹出的"位移路径"对话框中设置如

在线显示,图像分辨率只需匹配显示器分辨率(72 ppi 或 96 ppi)即可;如果图像用于印刷,通常需要达到 300 ppi 的分辨率。但是如果使用过高分辨率(像素数量大于输出设备可产生的数量),文件过大小就会降低输出的速度。

2. 显示器分辨率

显示器每单位长度所能显示的像素或点的数目,以每英寸含有多少点来计算。显示器分辨率由显示器的大小、显示器像素的设置和显卡的性能来决定。一般计算机显示器的分辨率为 72 ppi。

3. 打印机分辨率

打印机每英寸产生的墨点数量,常用 dpi 表示。多数桌面激光打印机的分辨率为 600 dpi,而照排机的分辨率为 1 200 dpi 或更高。喷墨打印机所产生的实际上不是点而是细小的油墨喷雾,但大多数喷墨打印机的分辨率大约在 300~720 dpi 之间,打印机的分辨率越高,打印输出的效果越好,但耗墨也越多。

图像的色彩模式

图像的色彩模式决定了显示或打印图像时所能使用的色彩数目,同时也决定了图像文件的大小。在 Illustrator CS5 支持多种色彩模式,可以单击"颜色"面板右上角的向下箭头按钮,弹出下拉菜单,在该下拉菜单中可以选择图稿的色彩模式。在 Illustrator CS5 中的图像的色彩模式有以下几种。

图 1-6 所示的参数,完成后点击"确定"按钮,完成的效果如图 1-7 所示。

图 1-6

图 1-7

05

选中刚制作好的圆角矩形,如图 1-8 所示,在"渐变"面板中设置"渐变角度"为 -90°,完成图标底纹制作,如图 1-9 所示。

图 1-8

图 1-9

06

新建一个图层,使用"椭圆工具"绘制椭圆。在工具面板中选择"填色",设置"填充颜色"为无,描边为黑色,如图 1-10 所示。完成后效果如图 1-11 所示。

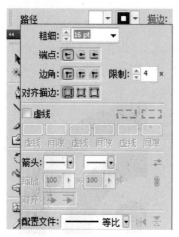

图 1 - 10

图 1 - 11

07

使用"直接选择工具",点击椭圆路径,选择其中的两个锚点,删除两个锚点之间的线段,如图 1 - 12 所示。用同样的方法制作另一个图形,完成效果如图 1 - 13 所示。

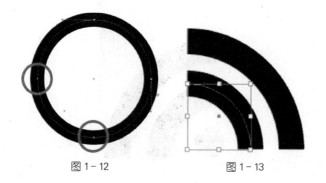

图 1 - 12   图 1 - 13

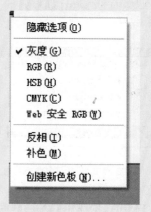

1. 灰度模式

图像在灰度模式表现的色彩信息只有灰度信息而没有色彩信息。Illustrator CS5 中灰度模式的像素的亮度值范围为 0(黑色)～255(白色)。

灰度模式的"颜色"面板如下图所示。

将灰度对象转换为 RGB 时,每个对象的颜色值代表对象之前的灰度值。也可以将灰度对象转换为 CMYK 对象。

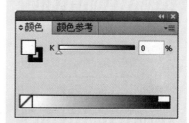

2. RGB 模式

RGB 模式是显示器所采用的模式。因为在 RCB 模式下处理图像最为方便,所以通常扫描输入的图像或是绘制的图像都是以 RGB 模式存储的。而且,RCB 模式的图像文件比 CMYK 模式的图像文件要小得多,可以节省内存和空间。

RGB 模式的"颜色"面板如下图所示。

RGB 模式使用红（R）、绿（G）、蓝（B）三原色按不同比例的强度度来混合，生成其他各种颜色。在 RGB 色彩模式下，每一个像素由 24 位数据表示，其中 RGB 三种原色各使用 8 位，因而每一种原色都要表现出 256 种不同浓度的色调。

3. HSB 模式

HSB 模式是一种体现人的直觉的配色模式，利用该模式可以轻松自然地选择各种不同明亮度的颜色。在 HSB 模式中，设计者只需选择色相、饱和度、亮度就可配出所需的颜色。

HSB 模式的"颜色"面板如下图所示。

在 HSB 模式中有以下 3 个定义色彩的参数。

H（Hue，色相）：用于调整颜色，范围为 0°～360°。

S（Saturation，饱和度）：即彩度，范围为 0%～100%，0% 时为灰色，100% 时为纯色。

08

使用"椭圆工具"绘制椭圆，放置在两段弧线之下，完成效果如图 1－14 所示。

图 1－14

09

选中已制作好的图形，执行"对象"→"路径"→"轮廓化描边"命令，如图 1－15 所示。完成的效果如图 1－16 所示。

路径(P)	▶	连接(J)	Ctrl+J
混合(B)	▶	平均(V)...	Alt+Ctrl+J
封套扭曲(V)	▶	轮廓化描边(U)	
透视(P)	▶	偏移路径(O)...	
实时上色(N)	▶		
实时描摹(I)	▶	简化(M)...	
文本绕排(W)	▶	添加锚点(A)	
		移去锚点(R)	
剪切蒙版(M)	▶	分割下方对象(D)	
复合路径(O)	▶		
画板(A)	▶	分割为网格(S)...	
图表(R)	▶	清理(C)...	

图 1－15

图 1－16

10

接下来为图形添加颜色，在"渐变"面板中设置"类型"为线性，设置渐变色标，颜色为浅灰色（R211，G209，B205）、白色（R245，G245，B245），如图 1－17 所示。完成效果如图 1－18 所示。完成图标的最终效果如图 1－19 所示。

图 1－17

图 1－18

图 1－19

11

接下来再新建一个图层，选中圆角矩形将其复制到当前位置，在"颜色"面板中填充颜色为白色，如图 1－20

B（Brightness，亮度）：范围为 0%～100%，0% 时为黑色，100% 时为白色。

4. CMYK 模式

CMYK 模式是打印机所采用的模式。RGB 模式产生色彩的方式称为加色法，而 CMYK 模式产生色彩的方式称减色法。CMYK 模式的"颜色"面板如下图所示。

任何一种颜色都可以由青色（C）、洋红色（M）和黄色（Y）3 种基本颜色按一定比例混合获得。为了与 RGB 模式中的蓝色相区别，黑色就以 K 来表示，因而称为 CMYK 色彩模式。

5. 安全模式

Web 安全 RGB 模式主要用于绘制网页图像中。在 HTML 中，颜色是使用十六进制（例如：＃FF0000）或者用色彩名称（red）来表示的。

Web 安全 RGB 模式的"颜色"面板如下图所示。

所示。绘制椭圆如图 1 - 21 所示。同时选中这两个图形,在"路径查找器"面板中,单击"交集"按钮,如图 1 - 22 所示。完成效果如图 1 - 23 所示。在"透明度"面板中设置"透明度"为 15%,完成效果如图 1 - 24 所示。

图 1 - 20

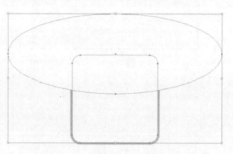

图 1 - 21

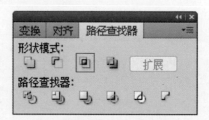

图 1 - 22

图 1 - 23

图 1-24

12

再绘制两个椭圆，如图 1-25 所示。同第 11 步，设置两个椭圆的透明度为 15%，完成效果如图 1-25 所示。

图 1-25

13

将剪切的椭圆放置在图标上方。至此，本例制作完成，制作好的效果如图 1-26 所示。

图 1-26

1.2 叶子图标

知识点：Illustrator CS5 的基本操作界面、绘图工具库

知 识 点 提 示

使用 Illustrator CS5 进行制作，除了要求有良好的设计思路外，更重要的熟练掌握软件功能和编辑流程。

Illustrator CS5 新增功能主要有：

多个画板

创建包含最多 100 个、大小各异的画板的文件并按任意方式显示它们——重叠、并排或堆叠，单独或一起存储、导出和打印。将选定范围或所有画板存储为一个多页 PDF 文件。

渐变透明效果

定义渐变中个别色标的不透明度；显示底层对象和图像，使用多图层、挖空和掩盖渐隐创建丰富的颜色和纹理混合。

斑点画笔工具

用刷子素描，产生一个清晰的矢量形状，即便描边重叠也没关

本例运用矩形工具、椭圆工具等绘制造型简洁的图标，运用渐变和描边表现图标的质感，制作图标表面的投影效果。

01

运行 Adobe illustrator CS5，执行"文件"→"新建"命令，创建一个尺寸为 150 mm×150 mm 的文件，设置"颜色模式"为 RGB，如图 1-27 所示，再单击"确定"按钮。

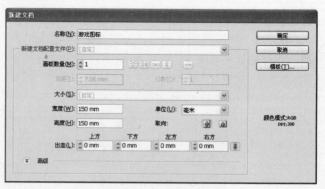

图 1-27

02

单击"圆角矩形"工具，单击绘图页面，弹出"矩形"对话框，设置"宽度"为 37.208 mm，"高度"为 35.148 mm，如图 1-28 所示。再单击"确定"按钮，创建矩形。填充渐变颜

色,在"渐变"面板中设置渐变色标,分别为深绿色(R22, G64,B0)、绿色(R35,G98,B22)。设置"描边"为无,如图 1-29 所示。完成的效果如图 1-30 所示。

图 1-28

图 1-29

图 1-30

03

单击"矩形"工具,单击绘图页面,弹出"矩形"对话框,设置"宽度"为 40.476 mm,"高度"为 34.357 mm,如图 1-31 所示。设置"描边"为无,填充渐变颜色,设置渐变

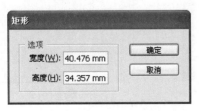

图 1-31

系。可以将斑点画笔工具与橡皮擦及平滑工具结合使用进行绘图。

显示渐变

在对象上与渐变交互,设置渐变角度、位置和椭圆尺寸;使用滑块添加和编辑颜色。

集成与交付

借助集成的工具和广泛的格式支持,可以与小组协作、跨产品工作并且不受交付场所的限制;为打印、交互体验、动画效果等进行设计。

增强的用户体验

改进包括对象控件在内的界面,可以保持最佳的创作状态;使用全新省时功能和快捷键,与工具顺畅交互并提高效率。

Illustrator CS5 界面

初次运行 Adobe Illustrator CS5 时,会弹出欢迎窗口,在该窗口中可以打开最近使用的项目和新建项目。将光标移动到窗口中的图标上,在弹出的提示框中就会出现相关图标的功能说明,帮助用户快速执行操作。

在"打开最近使用的项目"中列出了最近操作过的 Illustrator 文件,单击相应的文件名称可以直接打开该文件。也可以单击最下方的"打开"图标,在弹出的"打开"对话框中选择任意路径下的文件。

在"新建"命令中列出了各种可新建的文档类型，包括"打印"文档、"网站"文档等，还可以单击最下方的"从模板…"图标，在弹出的"从模板新建"对话框中以用户选定的模板新建一个绘图文件。

欢迎窗口的下方还保留了CS2 版本中用于了解软件的交互式操作，并且可以提供在线帮助。

快速入门：为用户提供快速有效的基本功能介绍。

新增功能：可以显示 Illustrator CS5 的新增功能。

资源：主要提供在线的帮助和资源共享。

不再显示：勾选此复选框，关闭文件后下次启动 Illustrator CS5 时就不会弹出欢迎窗口。

Illustrator CS5 的基本操作界面

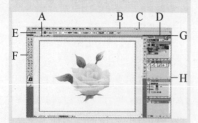

启动 Illustrator CS5 之后，单击欢迎窗口中的"基本 CMYK"文档或"基本 RGB 文档"等图标，或者执行"文件"→"新建"命令，即可进入 Illustrator CS5 的操作界面。

默认 Illustrator 工作区

A. 选项卡式"文档"窗口

B. 应用程序栏

C. 工作场所切换器

D. 面板标题栏

E. "控制"面板

F. 工具栏

G. "折叠为图标"按钮

H. 垂直停放的四个面板组

色标，分别为绿色（R55，G128，B38）、绿色（R55，G128，B38）、黄绿色（R97，G170，B49），如图 1 - 32 所示。调整两个矩形的排列位置，完成效果如图 1 - 33 所示。

图 1 - 32

图 1 - 33

04

继续绘制一个矩形，宽高为 3.268 mm×36.518 mm，单击"直接选择"工具，分别选择矩形左方的锚点，将其向内拖移，如图 1 - 34 所示。填充渐变颜色，在"渐变"面板中设置渐变色标，分别为深绿色（R22，G64，B0）、绿色（R35，G98，B22），如图 1 - 35 所示。用同样的方法绘制一个矩形，宽高为 1.634 mm×3.637 mm，单击"直接选择"工具，分

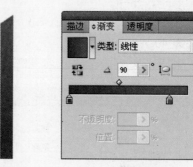

图 1 - 34　　　　　　　　图 1 - 35

别选择矩形右方的锚点,将其向内拖移,如图 1 - 36 所示。填充渐变颜色,在"渐变"中面板设置渐变色标,分别为绿色(R55,G128,B38)、绿色(R97,G170,B49),如图 1 - 37 所示。手提袋的内侧效果完成如图 1 - 38 所示。

图 1 - 36

图 1 - 37

图 1 - 38

05

使用快捷键 Ctrl + G 将上面做好的两个矩形编组。完成后调整矩形的图层的先后顺序,最上面的矩形,执行"对象"→"排列"→"置于顶层"命令,摆放在如图 1 - 39 所示的位置。选中编组好的矩形,双击 ⚙ 工具,在弹出的"镜像"对话中单击"复制"按钮,如图 1 - 40 所示。调整复制好的图形位置,手提袋纸制作完成的效果如图 1 - 41所示。

图 1 - 39

位于顶部的应用程序栏包含工作区切换器、菜单(仅限 Windows)和其他应用程序控件。

① 工具面板包含用于创建和编辑图像、图稿、页面元素等的工具。相关工具将进行分组。

② 控制面板显示当前所选工具的选项。

③ 文档窗口显示正在处理的文件。可以将文档窗口设置为选项卡式窗口,并且在某些情况下可以进行分组和停放。

④ 面板可帮助监视和修改工作。

工具栏概述

第一次启动应用程序时,屏幕左侧将显示工具栏。可以通过拖动其标题栏来移动工具栏,也可以通过选择"窗口"→"工具"来显示或隐藏工具栏。

可以使用工具栏中的工具在 Illustrator 中创建、选择和处理对象。某些工具包含在双击工具时出现的选项。这些工具包括用于使用文字的工具以及用于选择、上色、绘制、取样、编辑和移动图像的工具。

工具库

1. 选择工具库

▶ 选择工具(V):可用来选择整个对象。

▶ 直接选择工具(A):可用来选择对象内的点或路径段。

▶ 编组选择工具:可用来选择组内的对象或组内的组。

✦ 魔棒工具(Y):可用来选择具有相似属性的对象。

⦿ 套索工具(Q):可用来选择对象内的点或路径段。

□ "画板"工具：创建用于打印或导出的单独画板。

2. 绘图工具库

🖋 钢笔工具（P）：用于绘制直线和曲线来创建对象。

🖋 添加锚点工具：（＋）用于将锚点添加到路径。

🖋 删除锚点工具：（－）用于从路径中删除锚点。

🔺 转换锚点工具：（Shift ＋ C)用于将平滑点与角点互相转换。

🖊 直线段工具：（\）用于绘制各个直线段。

🖊 弧线工具：用于绘制各个凹入或凸起曲线段。

◎ 螺旋线工具：用于绘制顺时针和逆时针螺旋线。

▥ 矩形网格工具：用于绘制矩形网格。

🌐 极坐标网格工具：用于绘制圆形图像网格。

▭ 矩形工具（M）：用于绘制方形和矩形。

▢ 圆角矩形工具：用于绘制具有圆角的方形和矩形。

◯ 椭圆工具（L）：用于绘制圆和椭圆。

◯ 多边形工具：用于绘制规则的多边形。

☆ 星形工具：用于绘制星形。

🎆 光晕工具：用于创建类似镜头光晕或太阳光晕的效果。

🖊 铅笔工具（N）：用于绘制和编辑自由线段。

🖊 平滑工具：用于平滑处理贝塞尔路径。

图 1－40

图 1－41

06

使用"椭圆"工具，制作 2 个手提袋拎带孔。制作方法同上。如图 1－42、图 1－43、图 1－44 所示。

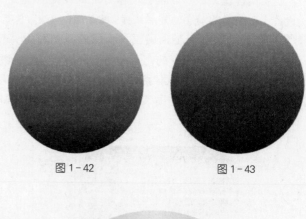

图 1－42　　　　　　　　图 1－43

图 1－44

07

　　使用快捷键 Ctrl + G 将绘制好的拎带孔编组,效果如图 1 – 45 所示。接下来在复制编组,放置到如图 1 – 46 所示的位置。

图 1 – 45

图 1 – 46

08

　　新建一个图层,使用"钢笔工具"绘制手提袋的拎带,调整锚点,如图 1 – 47 所示。单击"渐变"按钮 ⬛,打开"渐变"面板。在"渐变"面板中,如图 1 – 48 所示设置渐变色标,依次为深红色(R15,G0,B0)、深橘红色(R207,G89,B0)。完成的效果如图 1 – 49 所示。

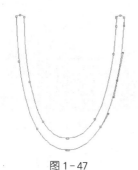

图 1 – 47

　　✐ 路径橡皮擦工具:用于从对象中擦除路径和锚点。

3. 文字工具库

　　T 文字工具(T):用于创建单独的文字和文字容器,并允许输入和编辑文字。

　　T 区域文字工具:用于将封闭路径改为文字容器,并允许在其中输入和编辑文字。

　　✒ 路径文字工具:用于将路径更改为文字路径,并允许您在其中输入和编辑文字。

　　T 直排文字工具:用于创建直排文字和直排文字容器,并允许您在其中输入和编辑直排文字。

　　T 直排区域文字工具:用于将封闭路径更改为直排文字容器,并允许您在其中输入和编辑文字。

　　✒ 直排路径文字工具:用于将路径更改为直排文字路径,并允许您在其中输入和编辑文字。

4. 上色工具库

　　✎ 画笔工具(B):用于绘制徒手画和书法线条以及路径图稿和图案。

　　▦ 网格工具(U):用于创建和编辑网格和网格封套。

　　▥ 渐变工具(G):调整对象内渐变的起点和终点以及角度,或者向对象应用渐变。

　　✐ 吸管工具(I):用于从对象中采样以及应用颜色、文字和外观属性,其中包括效果。

　　◔ 实时上色工具(K):用于按当前的上色属性绘制"实时上色"组的表面和边缘。

　　◈ 实时上色选择(Shift + L)工具:用于选择"实时上色"组中的

表面和边缘。

度量工具:用于测量两点之间的距离。

斑点画笔工具(Shift + B):所绘制的路径会自动扩展和合并堆叠顺序中相邻的具有相同颜色的书法画笔路径。

5. 改变形状工具库

旋转工具(R):可以围绕固定点旋转对象。

镜像工具(O):可以围绕固定轴翻转对象。

比例缩放工具(S):可以围绕固定点调整对象大小。

倾斜工具:可以围绕固定点倾斜对象。

改变形状工具:可以在保持路径整体细节完整无缺的同时,调整所选择的锚点。

自由变换工具(E):可以对所选对象进行比例缩放、旋转或倾斜。

混合工具(W):可以创建混合了多个对象的颜色和形状的一系列对象。

变形工具(Shift + R):可以随光标的移动塑造对象形状。

旋转扭曲工具:可以在对象中创建旋转扭曲。

收缩工具:可通过向十字线方向移动控制点的方式收缩对象。

膨胀工具:可通过向远离十字线方向移动控制点的方式扩展对象。

扇贝工具:可以向对象的轮廓添加随机弯曲的细节。

晶格化工具:可以向对象的轮廓添加随机锥化的细节。

图 1 - 48

图 1 - 49

09

使用相同的方法绘制拎带的阴影和亮部,完成立体效果的制作,如图 1 - 50 所示。

图 1 - 50

10

单击"钢笔"工具,绘制叶子,如图 1 - 51 所示,调整叶子的锚点。设置"描边"为无,设置渐变色标,依次为绿色(R110,G153,B20)、绿色(R125,G172,B27)、绿色(R141,G194,B33)、浅绿色(R224,G227,B135),如图 1 - 52 所示。完成的效果如图 1 - 53 所示。

图 1 - 51

图 1 - 52

图 1 - 53

皱褶工具:可以向对象的轮廓添加类似于皱褶的细节。

6. 符号工具库

符号工具可创建和修改符号实例集。可以使用"符号喷枪"工具创建符号集,然后可以使用符号工具更改集内实例的密度、颜色、位置、大小、旋转、透明度和样式。

符号喷枪工具(Shift + S):用于将多个符号实例作为集置入到画板上。

符号移位器工具:用于移动符号实例。

符号紧缩器:工具用于将符号实例移到离其他符号实例更近或更远的地方。

符号缩放器工具:用于调整符号实例大小。

符号旋转器工具:用于旋转符号实例。

符号着色器工具:用于为符号实例上色。

符号滤色器工具:用于为符号实例应用不透明度。

符号样式器工具:用于将所选样式应用于符号实例。

7. 图表工具库

柱形图工具(J):创建的图表可用垂直柱形来比较数值。

堆积柱形图工具:创建的图表与柱形图类似,但是它将各个柱形堆积起来,而不是互相并列。这种图表类型可用于表示部分和总体的关系。

条形图工具:创建的图表与柱形图类似,但是水平放置条形而不是垂直放置柱形。

堆积条形图工具:创建的图表与堆积柱形图类似,但是条形是水平堆积而不是垂直堆积。

折线图工具:创建的图表使用点来表示一组或多组数值,并且对每组中的点都采用不同的线段来连接。这种图表类型通常用于表示在一段时间内一个或多个主题的趋势。

面积图工具:创建的图表与折线图类似,但是它强调数值的整体和变化情况。

散点图工具:创建的图表沿 X 轴和 Y 轴将数据点作为成对的坐标组进行绘制。散点图可用于识别数据中的图案或趋势。它们还可表示变量是否相互影响。

饼图工具:可创建圆形图表,它的楔形表示所比较的数值的相对比例。

雷达图工具:创建的图表可在某一特定时间点或特定类别上比较数值组,并以圆形格式表示。这种图表类型也称为网状图。

8. 切片和剪切工具库

切片工具用于将图稿分割为单独的 Web 图像。

切片选择工具(Shift + K):用于选择 Web 切片。

橡皮擦工具(Shift + E):用于擦除拖动到的任何对象区域。

剪刀工具(C):用于在特定点剪切路径。

美工刀工具:可剪切对象和路径。

9. 移动和缩放工具库

抓手工具(H):可以在插

11

使用"钢笔"工具,绘制叶脉,如图 1 - 54 所示。设置"描边"为无,设置渐变色标,依次为绿色(R141,G194,B33)、浅绿色(R214,G227,B135),如图 1 - 55 所示。选中整片叶子,使用快捷键 Ctrl + G 对绘制好的叶子进行编组,完成效果如图 1 - 56 所示。

图 1 - 54

图 1 - 55

图 1 - 56

12

　　复制叶子,并且调整叶子的位置、图层顺序,调整叶子的层次和颜色使后面的叶子颜色较暗,形成对比效果,如图 1 - 57 所示。最后将叶子和前面制作好的手提袋放在一起,完成的最终的效果如图 1 - 58 所示。

图 1 - 57

图 1 - 58

图窗口中移动 Illustrator 画板。

　　🔲 打印拼贴工具:可以调整页面网格以控制图稿在打印页面上显示的位置。

　　🔍 缩放工具(Z):可以在插图窗口中增加和减小视图比例。

Illustrator
平面图形设计项目制作教程

本章小结

　　本章是本书的开篇，将引导读者进入 Illustrator 的世界。通过实例帮助大家循序渐进地掌握软件的面板设置、相关基本知识、操作方法和使用步骤，并对实例制作中涉及的一些知识点，如矢量图与位图的概念、Illustrator 工具栏等进行提炼和讲解。

课后练习

❶ 简要说明矢量图与位图之间的区别。

❷ 设计一组游戏图标。

平面图形实例设计

本课学习时间： 6课时

学习目标： 掌握基本图形绘制，绘制一个平面图形实例

教学重点： 基本图形绘制，线条绘画

教学难点： 平面图形设计与制作

讲授内容： "选择"工具，"倾斜"工具，"渐变"工具，基本图形绘制

课程范例文件： \chapter2\环保袋.ai，\chapter2\天秤座.ai

在学习平面图形实例设计之前，需要熟悉"选择"工具、"渐变"工具、"倾斜"工具，并且熟练掌握基本图形的绘制，比如绘制多边形和星形、绘制矩形和椭圆形、绘制光晕。

本章课程总览

案例一　环保袋

案例二　天秤座

2.1　环保袋

知识点："选择"工具、"渐变"工具、"倾斜"工具、基本图形绘制

知识点提示

选择工具的等比例操作

用选择工具时按住 Shift 键拖移图形,不仅可以实现垂直的移动,还可实现水平和 45°角的移动。

使用"选择工具"时按住 Shift 键可对图形进行等比例缩放;按住 Shift + Alt 键可以以中心为基点对图形进行等比例缩放。

使用"选择工具"时按住 Shift 键对图形进行旋转,可沿 45°角递增旋转。

使用"选择工具"时分别按键盘上的上、下、左、右方向键,图形以像素为单位进行垂直或水平的位移。

渐变工具

利用"渐变工具"可以制作出颜色平滑过渡的渐变效果。在工具箱中双击"渐变工具"或执行"窗口"→"渐变"命令,弹出"渐变"面板,如下图所示。

01

　　运行 Adobe Illustrator CS5,执行"文件"→"新建"命令,创建一个尺寸为 2 000 mm×1 000 mm 的图形文件,设置"颜色模式"为 CMYK,如图 2-1 所示。再单击"确定"按钮。

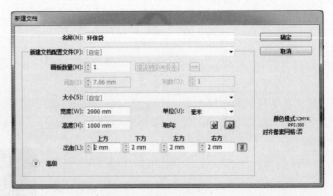

图 2-1

02

　　绘制一个矩形,"填色"为蓝色(C49,M1,Y0,K0),如图 2-2 所示。打开"菜单"窗口,选择"变换"面板,用"直接选择工具"(白箭头)选中矩形一个角的点,调整这个点的坐标,如图 2-3 所示。完成效果如图 2-4 所示。

图 2 - 2

图 2 - 3

图 2 - 4

03

使用"钢笔工具"绘制包装袋提手部分。调整路径,"填色"为蓝色(C49,M1,Y0,K0),如图 2 - 5 所示。绘制好的提手如图 2 - 6 所示。至此环保袋的结构绘制完成,如图 2 - 7 所示。

图 2 - 5

A. 类型:设置渐变的方式,包括"线性"和"径向"两种,在左方的缩览图中可以查看具体效果。

B. 位置:设置单个选定的色标在渐变颜色条上的位置。

C. 角度:设置整个渐变的角度。

D. 色标:设置渐变起始的具体颜色。单击某个色标,当菱形尖呈黑色时表示选定该色标,可以直接拖移改变其位置。在渐变颜色条的色标旁边单击,直接创建新的色标。

倾斜工具

"倾斜工具"主要用于对图形进行透视的倾斜变换,设置倾斜角度后可以复制一个新的倾斜图形并保留原图形。

选定图形后在工具箱中单击"倾斜工具",然后在图形上单击来确定倾斜的中心点,再拖动图形进行倾斜。

双击"倾斜工具",或执行"对象"→"变换"→"倾斜"命令,弹出"倾斜"对话框,对图形的倾斜进行精确的设置,如下图所示。

倾斜角度：对图形进行 360°的倾斜设置。

轴：定义图形以轴为中心进行倾斜，包括水平、垂直和具体角度的轴设置。

复制：将倾斜运用在复制的图形上。可以连续复制多个相同倾斜角度递增或递减的图形。

拾色器

拾色器位于工具箱的下方，主要用于对路径进行填色和路径的描边。在默认设置状态下，图形内部填充为白色，描边为黑色。

填色：定义图形的实色填充、渐变填充或无填充。

描边：定义图形路径的实色描边或无描边，还可以设置画笔描边或符号描边。

默认填色和描边：单击此按钮后，填充为白色，描边为黑色。

颜色：单击该按钮，定义填色或描边模式为实色填充。

渐变：单击该按钮，定义填色或描边模式为渐变填充。

无：定义填色或描边模式为无。

图 2-6

图 2-7

04

接下来绘制环保袋的图案。首先用"矩形工具"绘制矩形，无需填色，默认为白色，边线为橘黄色，如图 2-8 所示。使用"线段工具"添加线条，如图 2-9 所示。

图 2-8

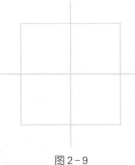

图 2 - 9

05

先用"矩形工具"沿矩形线框绘制矩形。填色为黑色,如图 2 - 10 所示。再绘制一个矩形,填色为白色,如图 2 - 11 所示。全选两个矩形,执行"窗口"→"路径查找器"命令,打开"路径查找器"面板,单击"减去顶层"按钮,如图 2 - 12 所示。

图 2 - 10

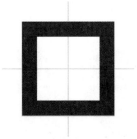

图 2 - 11

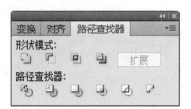

图 2 - 12

描边

1. 描边步骤

选择图形,然后在拾色器中单击"描边"图标,使其处于当前编辑状态,然后单击下方的"颜色"按钮,对图形进行描边。

2. 设置描边的属性

如果想互换填色和描边,单击拾色器右下方的"互换填色和描边"按钮,或者按快捷 Shift + X,即可将填色和描边的属性互换。

如果重新设置描边的颜色,双击"描边"图标,弹出"拾色器"对话框。该对话框保留了上一次的描边颜色,重新设置颜色后单击"确定"按钮。

要将填色和描边的颜色恢复为默认状态,可单击"默认填色和描边"按钮,或按 D 键,快速恢复后填色为白色,描边为黑色。

填色

填色设置和描边设置相似,只是前者能够进行渐变填充。双击"填色"图标,同样可以打开"拾色器"对话框,对颜色进行重新设置。还可以在"颜色"面板中分别拖动各滑块或输入颜色值,重新设置颜色。进行渐变填充时,单击"渐变"按钮,弹出"渐变"面板,通过"渐变"按钮实现渐变编辑。

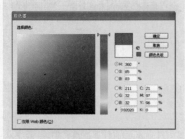

等比缩放图形

按住 Shift 键的同时拖动图形的编辑框,实现等比缩放;按住 Shift + Alt 键的同时拖动图形的编辑框,以中心为基准进行等比缩放。

当多个图形在同一个图层时,要将某一个图形进行前移或后移,可以执行"对象"→"排列"命令,得到相应的效果。也可以使用以下快捷键:

置于顶层:Shift + Ctrl +]
前移一层:Ctrl + [
后移一层:Ctrl + [
置于底层:Shift + Ctrl + [

路径的选项

图形的填色、描边、不透明度、变换等常用的操作,除了在拾色器和其他面板中进行设置,还可以在路径的选栏中进行设置。

06

用"矩形工具"绘制与绘图页面一致的矩形。无需填色,默认为白色。扭转命令如图 2 - 13 所示设置参数。制作完成的图形如图 2 - 14 所示。

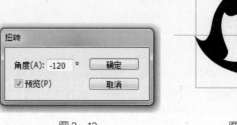

图 2 - 13   图 2 - 14

07

选中扭转的图案图案改变颜色,设置"填色"为蓝色(C79,M33,Y5,K0),描边无。椭圆"填色"为蓝色(C100,M91,Y18,K4),描边无,完成效果如图 2 - 15 所示。选中图案,将其编组复制,排列效果如图 2 - 16 所示。选中制作好的图案将其拖拽到色板里面,如图 2 - 17 所示。

图 2 - 15

图 2 - 16

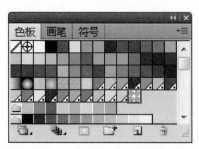

图 2-17

08

绘制矩形，填色为白色，用"直接选择工具"调整形状，完成效果如图 2-18 所示。在"色板"中选择上一步定义好的图案，完成效果如图 2-19 所示。

图 2-18

图 2-19

1. 填色

单击填色缩略图旁边下的三角按钮，在弹出的色板中直接选择需要的颜色，按住 Shift 键的同时单击下拉按钮，弹出替代颜色的面板，可以拖动滑块设置颜色。注意，在选项栏中对描边进行相同设置时，会弹出相同的对话框。

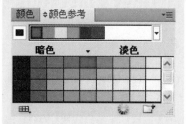

2. 描边

设置描边有两种方式：一种是单击右侧的微调按钮，描边粗细以 1 pt 为单位增减；另一种是单击右侧的下拉按钮，在弹出下拉列表中选择给定的粗细。

单击"描边"按钮，弹出"描边"面板，可以设置描边的"粗细"、"斜接限制"，还可以设置为虚线描边。

3. 画笔

单击下拉按钮，弹出"画笔"面板，直接选择某个画笔。还可以单击右上角的下拉按钮，弹出扩展菜单，执行"打开画笔库"的命令，选择需要打开的画笔库，如下图所示。

画笔工具选项

容差
保真度(F): 1 像素
平滑度(S): 0 %

选项
☐ 填充新画笔描边(N)
☐ 保持选定(K)
☑ 编辑所选路径(E)
范围(W): 12 像素

确定
取消
重置(R)

基本图形绘制

　　"圆角矩形工具"、"矩形工具"、"椭圆工具"、"多边形工具"等是较常用的形状工具。选择一个形状工具，在绘图页面中单击，可以在弹出的对话框中对形状的参数进行设置，也可以直接在页面中拖曳出定义大小的图形。

绘制矩形和椭圆形

　　单击"圆角矩形工具"，然后在绘图页面中单击，弹出"圆角矩形"对话框，如下图所示。

圆角矩形

选项
宽度(W): 100 mm
高度(H): 99 mm
圆角半径(R): 12 mm

确定
取消

　　宽度：定义圆角矩形的宽。高度：定义圆角矩形的高。

　　圆角半径：定义圆角的大小。参数值越大，圆角半径越大，图形越接近圆；参数值越小，圆角半径越小，图形越接近矩形。

绘制椭圆

　　绘制椭圆时先确定好绘制的位置，然后按住 Alt 键以起始位置

09

　　设置"填色"为白色，描边无。使用"钢笔工具"绘制卡通图形，调整路径，效果如图 2-20 所示。

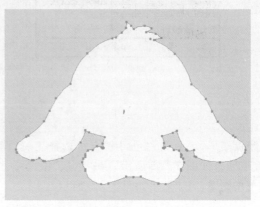

图 2-20

10

　　使用"钢笔工具"绘制卡通玩偶的鼻子，调整路径，效果如图 2-21 所示。用同样的方法做法绘制卡通玩偶的眼睛等，最终完成的效果如图 2-22 所示。

图 2-21

图 2-22

11

　　调整已绘制好的图形在绘图页面中的摆放位置。调整图层的顺序,然后用"选择工具"将其全选,使用快捷键Crtl＋G将其编组。卡通玩偶的完成效果如图2－23所示。

图 2－23

12

　　使用"钢笔工具"绘制云彩,用"直接选择工具"调整图形,完成后的效果如图2－24所示。设置填色为黄色,效果如图2－25所示。

图 2－24

图 2－25

为中心绘制,可以准确地定位椭圆,完成后单击"选择工具",将其移动到编辑框内,当出现黑色的小三角时,拖动图形调整位置,或者按键盘中的方向键进行微调。

绘制正圆

　　按住 Shift 键的同时绘制等比例的椭圆,即正圆。按住 Shift ＋ Alt 键以鼠标单击处为中心绘制等比椭圆,这个方法常用来绘制同心圆。其他的形状工具的操作方法与之相同。

绘制多边形和星形

　　使用"多边形工具"和"星形工具"可以绘制各种多边形和星形。多边形和星形比矩形和椭圆形的绘制稍微复杂一些,多了一些技巧和选项设置。

　　单击工具箱中的"矩形工具"

按钮不放,弹出相关的工具调板,单击"多边形工具"按钮,鼠标指针变为"+"形状。

在画板中单击左键不放并拖动,当绘制的多边形达到合适的大小时,释放鼠标左键,绘制出多边形图形。

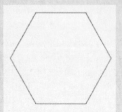

与绘制矩形方法相同,也可以通过设置对话框,绘制多边形。单击"多边形工具"按钮,在画板中单击左键,弹出"多边形"对话框,输入多边形的"半径"和"边数"数值,单击"确定"按钮,完成"多边形"对话框的设置,在画板上会自动绘制出所设置相同的多边形,如下图所示。

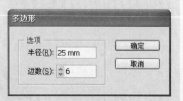

绘制多边形对话框

绘制星形和绘制多边形的方法基本相同,只是"星形"对话框与"多边形"对话框略有不同。

单击工具箱中的"星形工具"

13

复制一朵云彩,设置"填色"为白色,如图 2-26 所示。单击"混合工具",如图 2-27 所示。然后分别点击白色的云彩和黄色的云彩,如图 2-28 所示,完成的效果如图 2-29 所示。

图 2-26

图 2-27

图 2-28

图 2-29

14

调整图层的位置,将云彩图形置于顶层,如图 2-30 所示。复制云彩,用同样的方法设置云彩的颜色为淡紫色,以丰富云彩的颜色,完成的效果如图 2-31 所示。

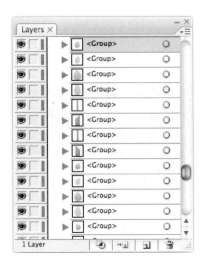

图 2 - 30

图 2 - 31

15

使用"矩形工具"和"椭圆工具"绘制矩形和白色椭圆形。设置矩形"填色"为黄色(C0，M4，Y79，K0)，椭圆"填色"为白色，如图 2 - 32 所示。把绘制好的图形拖拽到色板中，如图 2 - 33 所示。再绘制一个圆形，选择色板中做好的图案进行填充，完成后的效果如图 2 - 34 所示。然后设置"描边"为深黄色(C0，M24，Y94，K0)，完成效

按钮，在画板上单击左键，弹出"星形"对话框。单击"确定"按钮，完成"星形"对话框的设置，在画板上自动绘制出与所设置相同的星形。

绘制星形

在"星形"对话框中，需要设置 2 个半直径。其中"半径 1"是指从星形中心到星形最内点的距离。"半径 2"是指从星形中心到星形最外点的距离。"角点数"是指星形角点的数量。2 个半径值和星星的角点数决定了星星的形状。

使用"光晕工具"绘制的光晕图形，实际上是由含有渐变填充的圆和直线组成的，可以使用"直接选择"工具对光晕图形中的圆和直线进行编辑。也可以选中绘制的光晕图形，执行"对象"→"扩展"菜单命令。

"光晕"工具

居中：指定光晕中 m 的整体直径、不透明度和亮度。

光晕："增大"用于指定整体大小的百分比；"模糊度"用于指定光晕的模糊程度，数值为 0 时为锐利，数值为 100 时为完全模糊。

射线：指定射线的数量、最长射线、射线的模糊度。

环形："路径"指定中央手柄和末端手柄中心点的距离；"数量"指定光环的数量；"最大"指定最大光环的平均百分比环的方向或角度。

还可以选中需要修改的光晕图像，单击工具箱中的"光晕工具"按钮，在所绘制的光晕图形上直接拖动中央手柄或末端手柄，更改光晕的长度和方向。

再执行"对象"→"取消编组"命令，将光晕图形解散群组，就可以使用"直接选择"工具对组成光晕图形的每个图形分别进行编辑。

果如图 2 - 35 所示。

图 2 - 32

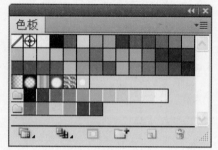

图 2 - 33

图 2 - 34

图 2 - 35

16

导入本书素材文件中的文字素材，如图 2 - 36 所示。将文字素材放在如图 2 - 37 所示的位置。

图 2 - 36

图 2 - 37

17

使用与前面相同的方法，在绘制一些花、椰树等元素，丰富作品的细节，效果如图 2 - 38 所示。至此，本实例环保袋制作完成。

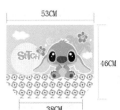

图 2 - 38

2.2 天秤座

知识点：标尺、网格、参考线和裁剪标记

知 识 点 提 示

使用标尺

　　标尺可以准确定位和度量插图窗口或画板中的对象。在每个标尺上显示 0 的位置称为标尺原点。

　　文档标尺显示在插图窗口的顶部和左侧。默认标尺原点位于插图窗口的左下角。

　　画板标尺显示在现用画板的顶部和左侧。默认画板标尺原点位于画板的左下角。

　　（1）要显示或隐藏标尺，使用"视图"→"显示标尺或视图"→"隐藏标尺"命令。

01

　　运行 Adobe Illustrator CS5，执行"文件"→"新建"命令，创建一个尺寸为 297 mm×210 mm 的图形文件，设置"颜色模式"为 RGB，如图 2-39 所示。再单击"确定"按钮。

图 2-39

02

　　使用"矩形工具"创建与背景大小一致的矩形，设置渐变色标，分别为淡蓝色（R0，G165，B265）、蓝色（R0，G165，B265）、深蓝色（R0，G165，B265），如图 2-40 所示。设置"描边"为无，效果如图 2-41 所示。

图 2－40

图 2－41

03

点击"星形工具",如图 2－42 所示,然后单击绘图页面,设置如图 2－43 所示的选项参数。复制绘制好的星星,并且在透明度面板中调整透明度。完成的效果如图 2－44 所示。

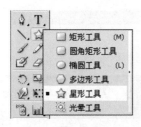

图 2－42

图 2－43

（2）显示或隐藏画板标尺,使用"视图"→"显示画板标尺或视图"→"隐藏画板标尺"命令。

（3）将指针移到左上角（标尺在此处相交）,然后将指针拖到所需的新标尺原点处,可更改标尺原点当指针拖移时,窗口和标尺中的十字线指示不断变化的标尺原点。

（4）双击左上角（标尺在此处相交）恢复默认标尺原点。

更改度量单位

Illustrator 中默认的度量单位是点（1 点等于 0.352 8mm）。可以更改 Illustrator 用于常规度量、描边和文字的单位。在数值框中输入值时可以忽略默认的单位。

（1）更改默认的度量单位。选取"编辑"→"首选项"→"单位和显示性能"（Windows）命令或"Illustrator"→"首项"→"单位和显示性能"（Mac OS）命令,然后选择"常规"、"描边"和"文字"选项的单位。如果在"文字"首选项中选择了"显示亚洲文字选项",还可以选择特别适合亚洲文字的单位。

提示:"常规"度量选项会影响标尺度量点之间的距离、移动和变换对象、设置网格和参考线间距以及创建形状。

（2）只设置当前文档的常规度量单位,选择"文件"→"文档设置"命令,从"单位"菜单中选择要使用的度量单位,并单击"确定"按钮。

使用网格

网格显示在插图窗口中的图稿上,它是打印不出来的。

(1) 使用网格。选取"视图"
→"显示网格"命令。

(2) 隐藏网格。选取"视图"
→"隐藏网格"命令。

(3) 将对象对齐到网格线。
选取"视图"→"对齐网格"命令,选
择要移动的对象,并拖移到所需位
置。当对象的边界在网格线的 2
个像素之内,它会对齐到点。

提示:当选择"视图">"像素预
览"命令时,"对齐网格"会变为"对
齐像素"。

(4) 指定网格线间距、网格样
式(线或点)、网格颜色,或指定网
格是出现在图稿前面还是后面。
选择"编辑"→"首选项"→"参考线
与网格"命令。

使用参考线

参考线可以帮助对齐文本和
图形对象。可以创建标尺参考线
(垂直或水平的直线)和参考线对
象(转换为参考线的矢量对象)。
和网格一样,参考线也打印不
出来。

图 2-44

04

用"选择工具"选中上面步骤绘制好的所有的星星并
将星星复制、粘贴,如图 2-45 所示。用"选择工具"调整
其所在的位置,效果如图 2-46 所示。

图 2-45

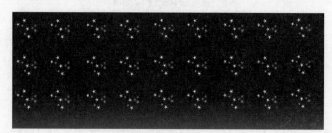

图 2-46

05

执行"对象"→"变换"→"分别变换"命令,设置如图

2－47 所示的参数。星空的背景制作完成,效果如图
2－48 所示。

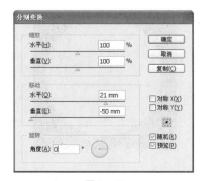

图 2－47

图 2－48

06

设置渐变色标,依次为浅黄色(R237,G237,B140)、
黄色(R239,G228,B46),如图 2－49 所示。用"椭圆工
具"绘制两个形状相似但大小不同的圆形,如图2－50 所
示。使用"路径查找器"面板中的"减去顶层"的命令,

图 2－49

在两种参考线样式(点和线)
之间进行选择,并且可以使用预定
义的参考线颜色或使用拾色器选
择的颜色来更改参考线的颜色。
默认情况下,不会锁定参考线,因
此可以移动、修改、删除或恢复它
们,也可以选择锁定它们。

(1)显示或隐藏参考线。选
取"视图"→"参考线"→"显示参考
线"命令或"视图"→"参考线"→
"隐藏参考线"命令。

(2)更改参考线设置,选取
"编辑"→"首选项"→"参考线与网
格"命令。

(3)锁定参考线,选择"视图"
→"参考线"→"锁定参考线"命令。

创建参考线

(1)如果未显示标尺,选取
"视图"→"显示标尺"命令,如下图
所示。

(2)将指针放在左边标尺上
以建立垂直参考线,或者放在顶部
标尺上以建立水平参考线。

(3)将参考线拖移到适当位
置上。

（4）或选择矢量对象并选取"视图"→"参考线"→"建立参考线"命令将矢量对象转换为参考线。

移动、删除或释放参考线

（1）如果参考线已锁定，执行"视图"→"参考线"→"锁定参考线"命令，如下图所示。

（2）执行下列操作：

① 通过拖移或复制移动参考线。

② 删除参考线。选择"编辑"→"剪切"命令或"编辑"→"清除"命令。

③ 选取"视图"→"参考线"→"清除参考线"命令，立刻删除所有参考线。

④ 选择参考线并选取"视图"→"参考线"→"释放参考线"命令来释放参考线，将其恢复为常规的图形对象。

将对象对齐到锚点和参考线

（1）选择"视图"→"对齐点"命令。

（2）选择要移动的对象，将指针精确放置到要与锚点和参考线对齐的点上。

如图 2-51 所示。最终完成的月亮效果如图 2-52 所示。

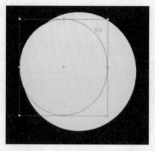

图 2-50

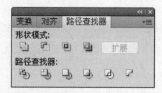

图 2-51

图 2-52

07

选中绘制好的月亮图形，执行"效果"→"风格化"→"羽化"命令，设置参数如图 2-53 所示。完成效果如图 2-54 所示。月亮制作完成。

图 2-53

图 2－54

08

接下来绘制天空中的天秤星座。首先绘制天秤座上面的星星,如图 2－55 所示,设置渐变色标,依次为黄色(R225,G248,B59)、橙色(R255,G166,B21);设置"描边"为红色(R144,G51,B35),描边粗细为 0.5pt,如图 2－56 所示。为增加立体效果,绘制图形上面的高光部分,设置渐变色标如图 2－57 所示。高光部分如图 2－58 所示。调整图层顺序,把高光放置在星星的上端。星星制作完成最终的效果如图 2－59 所示。

图 2－55

图 2－56

提示:对齐点时,根据指针的位置进行对齐,而不是根据被拖移对象的边缘。

(3)将对象拖移到所需位置。当指针在锚点或参考线 2 个像素之内时,它会对齐点。对齐时,指针从实心箭头变为空心箭头。

智能参考线

智能参考线是创建或操作对象或画板时显示的临时对齐参考线。通过对齐和显示 X、Y 位置和偏移值,这些参考线可通过参照其他对象和/或画板来对齐、编辑和变换对象或画板。可以通过设置"智能参考线"首选项来指定显示的智能参考线和反馈的类型(例如,度量标签、对象突出显示或标签)。

使用智能参考线

默认情况下,智能参考线是打开的。

（1）选择"视图"→"智能参考线"命令以打开或关闭智能参考线。

（2）可以采用下列方式使用智能参考线：

① 使用钢笔或形状工具创建对象时，使用智能参考线相对于现有对象来放置新对象的锚点。或者创建新画板时，使用智能参考线相对于其他画板或对象来放置该画板。

图2-57

参考线 (U)	▶
✓ 智能参考线 (Q)	Ctrl+U
显示网格 (G)	Ctrl+"
对齐网格 (A)	Shift+Ctrl+"
✓ 对齐点 (N)	Alt+Ctrl+"
新建视图 (I)...	
编辑视图...	

② 使用钢笔或形状工具创建对象时，或在变换对象时，使用智能参考线的结构参考线可将锚点放置于特定的预设角度，如45°或90°。在智能参考线"首选项"控制面板中设置这些角度。

③ 移动对象或画板时，使用智能参考线可将选定的对象或画板与其他对象或画板对齐。对齐操作是基于对象和画板的几何形状来进行的。当对象接近其他对象的边缘或中心点时会显示参考线。

④ 变换对象时，智能参考线会自动显示以帮助变换。可以通过设置智能参考线"首选项"来更改智能参考线显示的时间和方式。

图2-58

智能参考线首选项

选择"编辑"→"首选项"→"智能参考线"命令来设置下列首选项，如下图所示。

图2-59

09

继续绘制天秤星座的造型。使用"圆角矩形工具"绘制如图2-60所示的矩形，使用"钢笔工具"绘制如图2-61所示的外轮廓，填充和星星一样的渐变颜色，如图2-62所示。然后对图形进行复制和垂直的镜像翻转调整，摆放在如图2-63所示位置。

图2-60

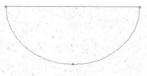

图 2 - 61

图 2 - 62

图 2 - 63

（1）颜色：指定参考线的颜色。

（2）对齐参考线：显示沿着几何对象、画板及出血的中心和边缘生成的参考线。当移动对象以及执行绘制基本形状、使用"钢笔"工具以及变换对象等操作时，会生成这些参考线。

10

把绘制好的天秤星座和月亮放置在如图 2 - 64 所示的位置。添加一些夜空中的其他光亮元素，最终效果如图 2 - 65 所示。

图 2 - 64

图 2 - 65

11

使用相同的方法，绘制其他元素，如海港、岩石、水浪等。注意物体摆放的位及物体之间的搭配和细节的调整，完成后的效果如图 2 - 66 所示。

图 2 - 66

本章小结

　　本章学习"选择工具"、"渐变工具"、"倾斜工具"的使用方法及基本图形绘制的方法,并对涉及的一些知识点进行专门的提炼讲解,使大家掌握标尺、网格、参考线和裁剪标记基本知识、操作方法和使用步骤。

课后练习

❶ 简要说明基本图形绘制的方法。

❷ 用掌握的"选择"工具、"渐变"工具、"倾斜"工具绘制一张书桌。

3

特效艺术字实例制作

本课学习时间：6 课时

学习目标：掌握 Illustrator CS5 字体基本知识，学会特效艺术字的实例绘制

教学重点：创建符号，使用画笔，3D 效果

教学难点：特效艺术字的设计与制作

讲授内容：创建符号，沿路径移动或翻转文本，设置段落样式，设置字符

课程范例文件：\chapter3\水滴文字.ai，
\chapter3\立体文字.ai

本章课程总览

在学习 Illustrator CS5 制作特效艺术字之前，需要了解与掌握 Illustrator CS5 字体的基本知识。比如设置字符、沿路径移动或翻转文本、设置段落样式、创建符号以及符号集等。

案例一　水滴文字

案例二　立体文字

3.1 水滴文字

知识点：字符、沿路径移动或翻转文本、段落样式

01

　　运行 Adobe Illustrator CS5，执行"文件"→"新建"命令，创建一个尺为 297 mm×210 mm 的图形文件，设置"颜色模式"为 RGB，如图 3-1 所示，再单击"确定"按钮。

图 3-1

02

　　单击"文字工具"，在选项栏中打开"字符"面板并设置各项参数，如图 3-2 所示，然后设置"描边"为无，使用任意颜色在绘图页面中输入文字，效果如图 3-3 所示。

知 识 点 提 示

裁剪标记

　　指定用于裁切或对齐的裁剪标记。除了指定不同画板以裁剪用于输出的图稿外，还可以在图稿中创建和使用多组裁剪标记。裁剪标记指示了所需的打印纸张剪切位置。需要围绕页面上的几个对象创建标记时（如打印一张名片），裁剪标记是非常有用的。在对齐已导出到其他应用程序的 Illustrator 图稿方面，它们也非常有用。

裁剪标记在以下方面有别于画板：

　　（1）画板指定图稿的可打印边界；而裁剪标记不会影响打印域。

　　（2）每次只能激活一个画板，但可以创建并显示多个裁剪标记。

　　（3）画板由可见但不能打印的标记指示；而裁剪标记则用套版黑色打印出来（以便打印到每张分色版，这与印刷标记类似）。

提示:裁剪标记不会取代在"打印"对话框中的"标记和出血"选项中创建的裁切标记。

围绕对象创建裁剪标记

（1）选择一个或多个对象。

（2）选择"效果"→"裁剪标记"命令,如下图所示。

删除裁剪标记

在"外观"面板中选择"裁剪标记",然后单击"删除所选项"图标。

使用日式裁剪标记

日式裁剪标记使用双实线,它以可视方式将默认出血值定义为8.5磅(3 mm)。

（1）选择"编辑"→"首选项"→"常规"命令。

（2）选择"使用日式裁剪标记"选择,然后单击"确定"按钮。

测量对象之间的距离

使用"度量"工具计算任意两

图 3-2

图 3-3

03

对文字执行"文字"→"创建轮廓"命令,将文字转换为路径,效果如图 3-4 所示。单击"直接选择工具",将文字取消编组,如图 3-5 所示。

图 3-4

图 3-5

04

设置"填色"为线性渐变，如图 3－6 所示。设置色标，依次为绿色（R27，G30，B0）、浅绿色（R65，G10，B30），为字母重新填色。再根据画面效果适当调整色标的位置，效果如图 3－7 所示。

图 3－6

Flower

图 3－7

05

接下来制作文字上的水滴。首先使用"椭圆工具"绘制一个椭圆，使用"线性渐变工具"设置由黄到绿的渐变效果，设置色标如图 3－8 所示，依次为绿色（R166，G189，B54）、浅绿色（R34，G143，B64），如图 3－8 所示，完成效果图 3－9 所示。然后在新建 1 个图层，制作水珠上面的椭圆，设置色标依次为白色、浅绿色（R148，G190，B58），如图 3－10 所示。完成效果如图 3－11 所示。

图 3－8

图 3－9

点之间的距离并在"信息"面板中显示结果。

（1）在"工具"面板中按住"吸管"工具即可看到"度量工具"，选择它。

（2）执行下列操作之一：

① 单击两点以度量它们之间的距离。

② 单击第一点并拖移到第二点。按住 Shift 键拖移，可将测量角度限制为 45°的倍数。

"信息"面板将显示点到 X 和 Y 轴的水平和垂直距离、绝对水平和垂直距离、总距离以及测量的角度。

"信息"面板

可以使用"信息"面板（"窗口"→"信息"）可在指针下面的区域和所选对象上获取信息，如下图所示。

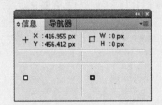

（1）选定对象并且选择工具处于现用状态时，"信息"面板将显示对象的 X 轴和 Y 轴坐标以及宽度（W）和高度（H）。"常规首选项"中的"使用预览边界"选项会影响宽度和高度的值。选中"使用预览边界"时，Illustrator 会在对象的尺寸中包含描边宽度及其他属性（如投影）。取消选择"使用预览边界"后，Illustrator 只度量由对象的矢量路径定义的尺寸。

（2）如果使用"钢笔"工具或"渐变"工具或移动所选对象，在进行拖移的同时，"信息"面板将显示 X 轴坐标(W)、Y 轴坐标(H)、距离(D)以及角度的变化。

（3）使用缩放工具时,在松开鼠标按键后,"信息"面板将显示放大因数以及 X 轴和 Y 轴坐标。

（4）使用"比例缩放"工具完成比例缩放后,"信息"面板将显示宽度(W)和高度(H)的变化百分比以及新的宽度(W)和高度(H)。使用"旋转"或"镜像"工具时,"信息"面板将显示对象中心的坐标和旋转角度或镜像角度。

（5）使用"倾斜"工具时,"信息"面板将显示对象中心的坐标、倾斜轴的角度和倾斜量。

（6）使用"画笔"工具时,"信息"面板将显示 X 轴和 Y 轴坐标以及当前画笔的名称。

（7）从"面板"菜单中选择"显示选项"命令"或单击"面板"选项卡上的双箭头时,可以显示所选对象的填充和描边颜色的值,以及应用于所选对象的任何图案、渐变或色调的名称。

"字符"面板

选择"窗口"→"文字"→"字符"命令,打开"字符"面板,为文档中的单个字符设置格式。当选择了文字或"文字工具"处于现用状态时,也可以使用"控制"面板中。

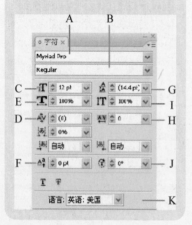

图 3-10

图 3-11

06

在完成的水滴上面制作两滴露珠,制作方法同上,完成效果如图 3-12 所示。

图 3-12

07

选择要复制的水滴,使用"选择工具",拖动编辑框移动水滴的位置,如图 3-13 所示。然后在每个字母上面加放水滴,效果如图 3-14 所示。

图 3-13

图 3-14

08

接下来绘制叶子。首先画一个椭圆，如图 3－15 所示；然后将所选锚点转换为尖角如图 3－16、图 3－17、图 3－18 所示。填充颜色为黑色，并将其缩小，完成的最终效果如图 3－19 所示。

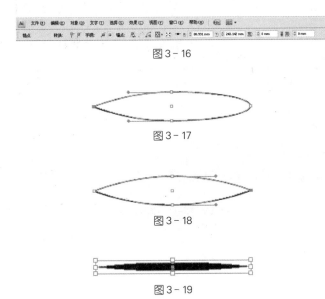

图 3－15

图 3－16

图 3－17

图 3－18

图 3－19

09

单击"画笔"面板右上角，在下拉菜单中选择"新建画笔"，在弹出的"新建画笔"对话框中"选择"新建艺术画笔"，如图 3－20 所示。然后单击"确定"按钮，弹出"艺术画笔选项"对话框，如图 3－21 所示。

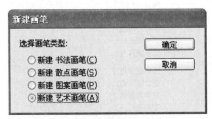

图 3－20

A. 字体
B. 字体样式
C. 字体大小
D. 字符间距调整
E. 水平缩放
F. 基线偏移
G. 行距
H. 字符间距
I. 垂直缩放
J. 字符旋转
K. 语言

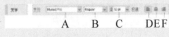

A. 字体
B. 字体样式
C. 字体大小
D. 左对齐
E. 居中对齐
F. 右对齐

在默认情况下，"字符"面板中只显示最常用的选项。要显示所有选项，从"选项"菜单中选择"显示选项"。也可以单击"面板"选项卡上的双三角形，对显示大小进行循环切换。

沿路径移动或翻转文本

先选择文字对象。在文字的起点、路径的终点以及起点标记和终点标记之间的中点都会出现标记。将指针置于文字的中点标记上，直至指针旁边出现一个小图标 ⊥。若要沿路径移动文本，可沿路径拖动中间括号，如下图所示。按住 Ctrl 键以防止文字翻转到路径的另一侧。

若要沿路径翻转文本的方向,可拖动标记,使其越过路径,如下图所示。或者选择"文字"→"路径文字"→"路径文字"选项,选择"翻转",然后单击"确定"按钮。

要在不改变文字方向的情况下将文字移动到路径的另一侧,可使用"字符"面板中的"基线偏移"选项。例如,如果创建的文字在圆周顶部由左到右排列,则可以在"基线偏移"文本框中输入一个负值,以使文字沿圆周内侧排列。

调整路径文字的垂直对齐方式

(1)选择文字对象。

(2)选择"文字"→"路径文字"→"路径文件"选项。

(3)从"对齐路径"菜单中选择一个选项,以指定如何将所有字符对齐到路径(相对字体的整体高度):

字母上缘:沿字体上边缘对齐。

字母下缘:沿字体下边缘对齐。

中央:沿字体字母上、下边缘间的中心点对齐。

基线:沿基线对齐。这是默认设置。

"制表符"面板

选择"窗口"→"文字"→"制表符"命令,打开"制表符"面板,设置段落或文字对象的制表位,如下图所示。

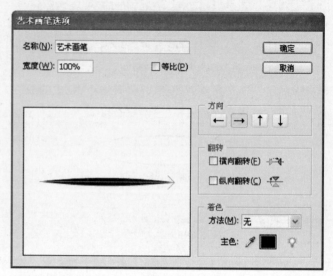

图 3 – 21

10

使用"笔刷工具"添加叶茎,选择"对象"→"扩展外观"命令,如图 3 – 22 所示。

图 3 – 22

11

用同样方法添加其他叶茎添加方法同上，设置叶茎渐变颜色与文字颜色一致。最终效果如图3-23所示。

图3-23

12

执行"窗口"→"符号"→"花朵"命令，在弹出的"花朵"面板中将"紫苑"符号拖移至绘图页面中，如图3-24所示。然后双击该符号，进入符号编辑状态。选择紫苑花瓣的所有部分并设置与文字一致的渐变绿色效果如图3-25所示。

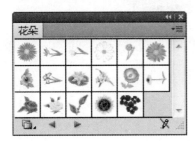

图3-24

图3-25

13

在符号外双击返回绘图页面。再使用"选择工具"选择符号，调整大小后移动到如图3-26所示的位置。

图3-26

14

然后为文字下面添加花土。绘制椭圆，填充渐变颜色，设置色标依次为浅褐（R141，G76，B23），深褐色（R35，G42，B33），如图3-27所示。完成效果如图3-28所示。

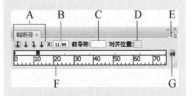

A. "制表符对齐"按钮
B. 制表符位置
C. 制表符前导符框
D. 对齐位置框
E. "面板"菜单
F. 制表符标尺
G. 在框架上方放置面板

字符样式和段落样式

字符样式是许多字符格式属性的集合，可应用于所选的文本范围。段落样式包括字符和段落格式属性，可应用于所选段落，也可应用于段落范围。使用字符样式和段落样式可节省时间，还可确保格式的一致性。

使用"字符样式"和"段落样式"面板来创建、应用和管理字符样式和段落样式。只需选择文本并在其中的一个面板中单击样式名称即可应用样式。如果未选择任何文本，则会将样式应用于所创建的新文本。

"段落样式"面板

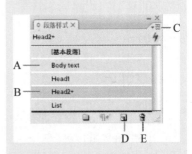

A. 样式名称
B. 带有附加格式的样式（优先选项）

C. "面板"菜单

D. "新建样式"按钮

E. "删除"按钮

在文档中选择文本或插入光标时,会在"字符样式"和"段落样式"面板中突出显示现用样式。默认情况下,文档中的每个字符都会被指定为"正常字符样式",而每个段落都会被指定为"正常段落样式"。这些默认样式是创建所有其他样式的基础。

样式名称旁边的加号表示该样式具有覆盖样式。覆盖样式是与样式所定义的属性不匹配的任何格式。每次在"字符"面板和"OpenType"面板中更改设置时,都会为当前字符样式创建覆盖样式;同样,在"段落"面板中更改设置时,也会为当前段落样式创建覆盖样式。

"段落"面板

选择"窗口"→"文字"→"段落"命令,打开"段落"面板,更改列和段落的格式。当选择了文字或文字工具处于现用状态时,也可以使用"控制"面板中的选项来设置段落格式。

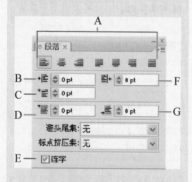

"段落"面板如下图所示:

A. 对齐方式

B. 左缩进

C. 首行左缩进

图 3 - 27

图 3 - 28

15

复制花土图形,适当调整其大小和位置,效果如图 3 - 29 所示。重复操作以复制多个图形,复制多个图形后的效果如图 3 - 30 所示。

图 3 - 29

图 3 - 30

16

在每个字母下面再添加一些花土。注意花土和文字之间的穿插效果，效果如图 3－31 所示。

图 3－31

17

接下来在花土下面添加阴影。设置色标为灰色（R144，G144，B144），如图 3－32 所示。设置的效果如图 3－33 所示。

图 3－32

图 3－33

18

在每个字母的花土下面添加阴影，最终效果如图 3－34 所示。

图 3－34

D. 段前间距

E. 连字

F. 右缩进

G. 段后间距

"文字"面板如下图所示：

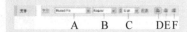

A. 字体

B. 字体样式

C. 字体大小

D. 左对齐

E. 居中对齐

F. 右对齐

3.2 立体文字

知识点：符号、符号集、应用的图形样式

符号

  符号是在文档中可重复使用的图稿对象。例如，如果根据鲜花创建符号，可将该符号的实例多次添加到图稿中，而无需实际多次添加复杂图稿。每个符号实例都链接到"符号"面板中的符号或符号库。使用符号可节省时间并显著减小文件的大小。

  置入符号后，可在画板上编辑符号的实例，如果需要，利用编辑重新定义原始符号。"符号"工具可一次添加和操作多个符号实例。

01

  运行 Adobe Illustrator CS5，执行"文件"→"新建"命令，创建一个尺寸为 209 mm×297 mm 的图形文件，设置"颜色模式"为 RGB，如图 3-35 所示，再单击"确定"按钮。

图 3-35

02

选择"文字工具",打开"字符"面板并设置各项参数,如图 3-36 所示。"描边"为无,使用黑色在绘图页面中输入文字 F,效果如图 3-37 所示。

图 3-36　　　　　　　　图 3-37

03

继续在"字符"面板中设置各项参数,如图 3-36 所示,输入文字 R,效果如图 3-38 所示。根据画面效果继续输入其他文字,完成后如图 3-39 所示。

图 3-38

图 3-39

04

单击"直接选择工具",全选择字母 FRSEH 并执行"文字"→"创建轮廓"命令,将文字转换为路径,效果如图3-40 所示。单击"钢笔工具",按 Alt 键的同时将尖角的

"符号"面板

选择"窗口"→"符号"命令,打开"符号"面板,如下图所示。或在"控制"面板中管理文档的符号。"符号"面板包含多种预设符号。可以从符号库或创建的库中添加符号。

更改面板中符号的显示

(1) 从"面板"菜单中选择一个视图选项:"缩览图视图"选项显示缩览图;"小列表视图"选项显示带有小缩览图的命名符号的列表;"大列表视图"选项显示带有大缩览图的命名符号的列表。

(2) 将符号拖动到不同位置。当有一条黑线出现在所需位置时,松开鼠标按键。

(3) 从"面板"菜单中选择"按名称排序"以按字母顺序列出符号。

"复制"面板中的符号

通过复制"符号"面板中的符号,可以基于现有符号创建新符号。执行下列操作:

(1) 在"符号"面板中选择一个符号并从"面板"菜单中选择"复制符号",或将此符号拖动到"新建符号"按钮上。

（2）选择一个符号实例，然后在"控制"面板中单击"复制"按钮。

重命名符号

（1）如果要重命名符号，在"符号"面板中选择此符号，并从"面板"菜单中选择"符号选项"，然后在"符号选项"对话框中输入新名称。

（2）如果要重命名符号实例，选择图稿中的符号实例，然后在"控制"面板中的"实例名称"文本框中输入新名称。

置入符号

（1）选择"符号"面板或符号库中的符号。

（2）执行下列操作之一：

① 单击"符号"面板中的"置入符号实例"按钮，以将实例置入画板的中心位置。

② 将符号拖动到希望在画板上显示的位置。

③ 从"符号"面板菜单中选择"置入符号实例"。

创建符号

可以通过大多数的 Illustrator 对象创建符号，包括路径、复合路径、文本对象、栅格图像、网格对象和对象组。不过，无法从链接的图稿或一些组（如图表组）创建符号。

（1）选择要用作符号的图稿。

（2）执行下列操作：

① 单击"符号"面板中的"新建符号"命令，如下图所示。

锚点调整为曲线路径，如图 3-41 所示。

图 3-40

图 3-41

05

使用"选择工具"拖动编辑框，适当旋转文字的角度，如图 3-42 所示。完成后设置渐变色标，依次为白色、绿色（R81，G154，B53），效果如图 3-43 所示。继续设置其他渐变色标，完成效果如图 3-44 所示。

图 3-42

图 3-43

图 3 - 44

06

选择字母 F 并执行"效果"→"3D"→"凸出和斜角"命令,在弹出的对话框中设置各项参数,如图 3 - 45 所示。其中设置"底纹颜色"为紫色(R152,G40,B138)。单击"确定"按钮,效果如图 3 - 46 所示。

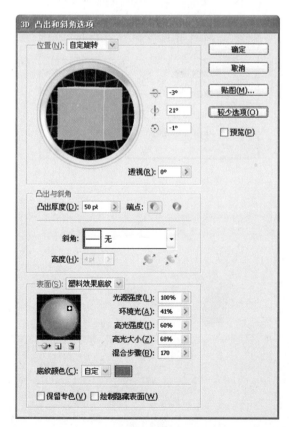

图 3 - 45

② 将图稿拖动到"符号"面板。

③ 在"面板"菜单中选择"新建符号"。

(3) 在"符号选项"对话框中输入新符号的名称,如下图所示。

（4）执行下列操作，可将符号导出到 Flash 中。

① 选择"影片剪辑"类型。"影片剪辑"是 Flash 中的默认符号类型。

② 在"Flash 注册"网格上指定要设置符号锚点的位置。锚点位置将影响符号在屏幕坐标中的位置。

符号集

符号集是一组使用"符号喷枪工具"创建的符号实例。可以对一个符号使用"符号喷枪工具"，然后对另一个符号再次使用来创建符号实例混合集。

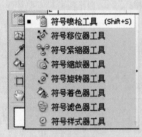

当处理符号组时，"符号工具"仅影响"符号"面板中选定的符号。

提示：当选择画板上的混合符号组时，新添加到该组的符号实例将会在"符号"面板中自动选定。

创建符号组

符号喷枪就像一个粉雾喷枪，可让一次将大量相同的对象添加到画板上。例如，使用符号喷枪可添加许许多多的元素，如草、叶子、花。

将符号实例组喷到图稿上

（1）在"符号"面板中选择一个符号，然后选择"符号喷枪工具"，如下图所示。

图 3 - 46

07

对字母 FRESH 执行"效果"→"风格化"→"内发光"命令，在弹出的对话框中设置各项参数，如图 3 - 47 所示。单击"确定"按钮，效果如图 3 - 48 所示。

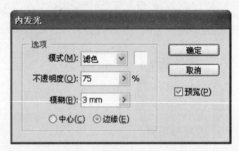

图 3 - 47

图 3 - 48

08

对字母 FRESH 执行"效果"→"风格化"→"投影"命令,在弹出的对话框中,设置各项参数,如图 3-49 所示,其中设置"颜色"为灰色(R124,G33,B13)。单击"确定"按钮,效果如图 3-50 所示。

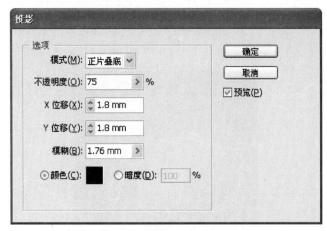

图 3-49

图 3-50

09

单击"矩形工具",绘制一个与绘图页面大小相同的矩形,如图 3-51 所示。设置色标依次为浅蓝色(R255,G217,B231)和蓝色(R170,G0,B126),设置"类型"为径向,效果如图 3-52 所示。

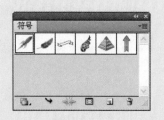

(2)单击希望符号实例出现的位置或在拖动到此位置。

在现有组中添加或删除符号实例

(1)选择现有符号集。

(2)选择"符号喷枪工具",并在"符号"面板中选择一个符号。

(3)执行下列操作之一:

① 要添加符号实例,单击或拖动希望新实例显示的位置。

② 要删除符号实例,在单击或拖动要删除实例的位置时按住 Alt 键。

修改符号组中的符号实例

使用"符号"工具可修改符号组中的多个符号实例。例如,可以使用"符号紧缩器工具"在较大的区域中分布实例,或逐步调整实例颜色的色调,使其看起来更加逼真。

更改符号组中的符号实例的堆叠顺序

（1）选择符号移位器工具。

（2）执行下列操作：

① 移动符号实例，向希望符号实例移动的方向拖动。

② 向前移动符号实例，按住 Shift 键单击符号实例。

③ 向后移动符号实例，按住 Alt + Shift 键并单击符号实例。

集中或分散符号实例

（1）选择"符号紧缩器工具"。

（2）执行下列操作之一：

① 单击或拖动希望距离符号实例的区域。

② 按住 Alt 键并单击或拖动要在其中使符号实例相互远离的区域。

调整符号实例的大小

（1）选择"符号缩放器工具"。

（2）执行下列操作之一：

① 单击或拖动要增大符号实例大小的集。

② 按住 Alt 键并单击或拖动要减小符号实例大小的位置。

③ 按住 Shift 键并单击或拖动以在缩放时保留符号实例的密度。

旋转符号实例

（1）选择"符号旋转器工具"。

图 3-51

图 3-52

10

单击"钢笔工具"，绘制如图 3-53 所示的颜料流淌的效果。选择锚点调整外部轮廓，然后设置"填色"为白色，"描边"为无。完成后将圆置于底层，效果如图 3-54 所示。

图 3-53

图 3 - 54

11

从素材里置入文件"chapter3\立体文字\翅膀. ai"，
使用"缩放工具"，如图 3 - 55 所示调整图层位置。完成
的效果如图3 - 56 所示。

图 3 - 55

图 3 - 56

（2）单击或拖动希望符号实
例朝向的方向。

对符号实例着色

对符号实例着色是指将趋于
淡色更改符号色调，同时保留原始
明度（与色调画笔的"淡色和暗色"
方法工作方式相同）。此方法使用
原始颜色的明度和上色颜色的色
相生成颜色，因此具有极高或极低
明度的颜色改变很少，黑色或白色
对象完全无变化。

若要实现也能影响黑白对象
的上色方法，可将"符号样式器工
具"与使用所需填充颜色的图形样
式结合使用。

（1）在"颜色"面板中选择要
用作上色颜色的填充颜色。

（2）选择"符号着色器工具"，
然后执行下列操作：

① 单击或拖动要使用上色颜
色着色的符号实例。上色量逐渐
增加，符号实例的颜色逐渐更改为
上色颜色。

② 按住 Alt 键（Windows）或
Option 键（Mac OS）并单击或拖动
以减少着色量并显示更多原始符
号颜色。

③ 按住 Shift 键单击或拖动，以保持上色量为常量，同时逐渐将符号实例颜色更改为上色颜色。

提示：使用"符号着色器工具"将产生更大的文件和降低的性能。当需要考虑内存或导出的 Flash/SVG 文件大小时，不要使用此工具。

调整符号实例的透明度

（1）选择"符号滤色器工具"。

（2）执行下列操作之一：

① 单击或拖动希望增加符号透明度的位置。

② 按住 Alt 键并单击或拖动要减少符号透明度的位置。

应用的图形样式

直径、强度和密度等常规选项即出现在"符号工具选项"对话框上半部。特定于工具的选项则出现在对话框下半部。要切换到另外一个工具的选项，单击对话框中的工具图标。

12

单击"符号"面板下方的"符号库菜单"按钮，如图 3-57 所示。在弹出的对话框中单击"花朵"选项卡，然后在弹出的"花朵"面板中选中"芙蓉"符号，如图 3-58 所示，将其添加到"符号"面板中，如图 3-59 所示。

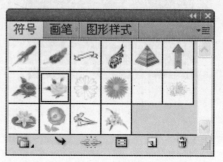

图 3-57

图 3-58

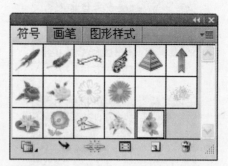

图 3-59

13

将"芙蓉"符号拖移至画面中，使用"选择工具"调整到如图 3-60 所示的位置。然后复制一个符号并进行镜像翻转，效果如图 3-61 所示。根据画面效果使用相同的方法添加其他的符号,完成后的效果如图3－62所示。

图3－60

图3－61

图3－62

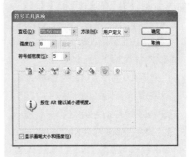

常规选项显示在"符号工具选项"对话框顶部,与所选的符号工具无关。

(1)直径:指定工具的画笔大小。

使用符号工具时,可随时按"["减小直径,或按"]"增大直径。

(2)强度:指定更改的速率(值越高,更改越快),或选择"使用压感笔"来使用输入板或光笔进行输入(而非"强度"值)。

(3)符号组密度:指定符号组的吸引值(值越高,符号实例堆积密度越大)。此设置应用于整个符号集。如果选择了符号集,将更改集中所有符号实例的密度,而不仅仅是新创建的实例。

(4)指定"符号紧缩器"、"符号缩放器"、"符号旋转器"、"符号着色器"、"符号滤色器"和"符号样式器"工具调整符号实例的方式。

选择"用户定义",根据光标位置逐步调整符号。选择"随机",在光标下的区域随机修改符号。选择"平均",逐步平滑符号值。

(5)显示画笔大小和强度:使用工具时显示大小。

"符号喷枪"选项("紧缩"、"大小"、"旋转"、"滤色"、"染色"和"样式")仅当选择"符号喷枪工具"时,才会显示在"符号工具选项"对话框中的常规选项下,并控制新符号实例添加到符号集的方式。

（6）用户定义：为每个参数应用特定的预设值。"紧缩"（密度）预设为基于原始符号大小；"大小"预设为使用原始符号大小；

"旋转"预设为使用鼠标方向（如果鼠标不移动则没有方向）；"滤色"预设为使用 100％ 不透明度；"染色"预设为使用当前填充颜色和完整色调量；"样式"预设为使用当前样式。

"符号缩放器"选项仅在选择"符号缩放器工具"时显示在"符号工具选项"对话框中"常规"选项下。

（7）等比缩放：保持缩放时每个符号实例形状一致。

（8）调整大小影响密度放大时，使符号实例彼此远离；缩小时，使符号实例彼此靠拢。

14

最后为作品再添加一些符号，并使用"钢笔工具"绘制一些图形来丰富画面效果，如图 3－63 所示。至此本实例制作完成。

图 3－63

Illustrator
平面图形设计项目制作教程

本章小结

　　本章通过实例介绍了用 Illustrator 制作文字特效的基本方法，对涉及的符号、3D 效果、内发光和渐变等知识点进行了专门的提炼讲解，使大家掌握应用文本、段落样式，使用符号的操作技巧。

课后练习

❶ 简要说明如何使用符号。

❷ 设计一组特效字体。

图像材质创意制作

本课学习时间：12 课时

学习目标：Illustrator CS5 叠加效果、艺术效果制作。混合叠加材质实例绘制

教学重点：叠加效果，艺术效果

教学难点：混合叠加材质设计与制作

讲授内容：羽化对象边缘，图层样式，叠加效果，底纹图形设计

课程范例文件：\chapter4\混合叠加材质.ai，\chapter4\底纹图形.ai

本章课程总览

　　本章学习图层样式的制作，实现叠加效果、艺术效果、模糊效果、扭曲效果、素描效果，以及底纹图形设计制作方法。

案例一　混合叠加材质

案例二　底纹图形

4.1 混合叠加材质

知识点:外观属性、羽化对象边缘、图层样式、马赛克

01

运行 Adobe Illustrator CS5,执行"文件"→"新建"命令,创建一个尺寸为 182 mm × 257 mm 的图形文件,设置"颜色模式"为 RGB,如图 4 - 1 所示。单击"确定"按钮。

图 4-1

后的顺序。各种效果按其在图稿
中的应用顺序从上到下排列。

    A. 具有描边、填色和投影效
果的路径

    B. 具有效果的路径

    C. "添加新描边"按钮

    D. "添加新填色"按钮

    E. "添加效果"按钮

    F. 清除外观按钮

    G. 复制所选项目按钮

在外观面板中显示其他项目

    当选择包含其他项目的项目
（如图层或组）时，"外观"面板将显
示"内容"项目。

    双击"内容"项目在外观面板
中列出文本对象的字符属性。

    当选择文本对象时，面板会显
示"字符"项目。

    （1）双击"外观"面板中的"字
符"项目。

    提示：要查看具有混合外观的
文本的各个字符属性，选择单个
字符。

    （2）单击面板顶部的"文字"
可返回主视图。

    对选定的对象启用或禁用某
个属性。

    ① 要启用或禁用单个属性，
单击该属性旁边的"眼球"图标。

02

    单击"矩形工具"，沿绘图页面的大小绘制一个矩形，
设置"填色"为渐变，"类型"为径向，如图 4-2 所示。设
置色标，依次为蓝色（R197，G229，B234）、白色。效果如
图 4-3 所示。

图 4-2

图 4-3

03

    执行"文件"→"置入"命令，弹出"置入"对话框，置入
本书素材文件"chapter4\混合叠加材质\材质.jpg"，将其
调整至画面的中间，设置图层的混合模式为叠加，如图
4-4 和图 4-5 所示。再置入本书素材"chapter4\混合叠
加材质\材质.jpg"，设置图层的混合模式为正片叠底，如
图 4-6 所示。混合后的效果如图 4-7 所示。

图 4 - 4

图 4 - 5

图 4 - 6

图 4 - 7

04

执行"文件"→"置入"命令，置入本书素材文件"chapter4\混合叠加材质\材质.jpg"，如图 4 - 8、图 4 - 9 所示。将其调整至图 4 - 10 所示的位置。调整图层的混合模式。混合后的效果如图 4 - 10 所示。

图 4 - 8

图 4 - 9

② 要启用所有隐藏的属性，从"外观"面板菜单中选择"显示所有隐藏的属性"。

③ 在属性行中单击以显示和设置值。

④ 单击带下划线的文本，并在出现的对话框中指定新值。

在外观面板中显示或隐藏缩览图

从"外观"面板菜单中选择"显示缩览图"或"隐藏缩览图"。

指定如何对新对象应用外观属性可以指定是让新对象继承外观属性还是只使其具有基本外观。

（1）仅将单一的填充和描边应用到新对象，选择面板中的"新建图稿具有基本外观"。

（2）将当前所有的外观属性应用到新对象，取消选择面板中的"新建图稿具有基本外观"。

编辑或添加外观属性

可以随时打开某个外观属性（如效果）并更改设置。

（1）编辑某个属性，单击该属性带下划线的蓝色名称，并在出现的对话框中指定更改。

（2）编辑填充颜色，单击填充行，并从颜色框中选择一种新颜色。

① 要添加新效果，单击"添加新效果"按钮。

② 要删除某个属性，单击该属性行，然后单击"删除"按钮。

复制外观属性

在"外观"面板中选择一种属性,然后执行下列操作之一:

(1)单击面板中的"复制所选项目"按钮,或从面板菜单中选择"复制项目"。

(2)将外观属性拖动到面板中的"复制所选项目"按钮上。更改外观属性的堆栈顺序。

定位应用外观属性的项目

在可以为图层、组或对象设置外观属性或应用样式或效果之前,必须先在"图层"面板中对项目进行定位。使用任意一种选择方法选择对象或组时,同时也会在"图层"面板中定位相应的对象或组,但图层的定位只能通过使用"图层"面板来完成。

"图层"面板中带阴影的定位图标指示包含外观属性的项目。

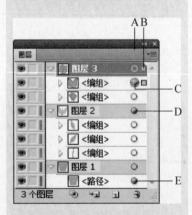

A. 定位和外观列

B. 选择列

C. 具有外观属性的组

D. 具有外观属性的图层

E. 具有外观属性的对象

创建投影

(1)选择一个对象或组(或在"图层"面板中定位一个图层)。

图 4 - 10

05

使用"矩形工具"绘制一个矩形,设置"填色"为无,"描边"为黑色,效果如图 4 - 11 所示。执行"窗口"→"描边"命令,设置如图 4 - 12 所示各项参数。再单击"确定"按钮,完成效果如图 4 - 13 所示。

图 4 - 11

图 4 - 12

图 4 - 13

06

用"选择工具"选中绘制好的矩形，执行"对象"→"拼合透明度"命令，在弹出的对话框中如图 4 - 14 所示设置各项参数。再单击"确定"按钮，效果如图 4 - 15 所示。

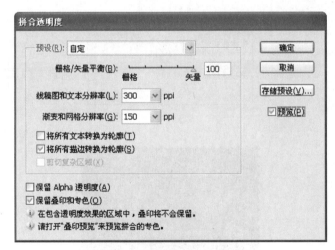

图 4 - 14

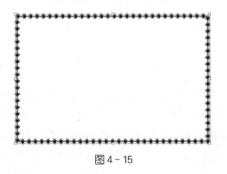

图 4 - 15

（2）选择"效果"→"风格化"→"投影"命令。

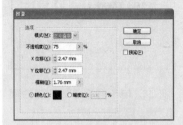

（3）设置投影的选项，并单击"确定"按钮。

模式：指定投影的混合模式。

不透明度：指定所需的投影不透明度百分比。

X 位移和 Y 位移：指定希望投影偏离对象的距离。

模糊：指定要进行模糊处理之处距离阴影边缘的距离。Illustrator 会创建一个透明栅格对象来模拟模糊效果。

颜色：指定阴影的颜色。

暗度：指定希望为投影添加的黑色深度百分比。在 CMYK 文档中，如果将此值定为 100%，并与包含除黑色以外的其他填色或描边的所选对象一起使用，则会生成一种混合色黑影。如果将此值定为 100%，并与仅包含黑色填色或描边颜色的所选对象一起使用，会创建一种 100% 的纯黑阴影。如果将此值定为 0%，会创建一种与所选对象颜色相同的投影。

应用内发光或外发光

（1）选择一个对象或组，或在"图层"面板中定位一个图层。

（2）选择"效果"→"风格化"→"内发光"命令或"效果"→"风格化"→"外发光"命令。

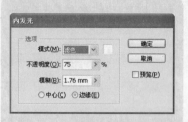

（3）单击混合模式旁边的预览方块，指定发光颜色。

（4）设置其他选项，并单击"确定"按钮。

模式：指定发光的混合模式。

不透明度：指定所需发光的不透明度百分比。

模糊：指定要进行模糊处理之处到选区中心或选区边缘的距离。

中心（仅适用于内发光）：应用从选区中心向外发散的发光效果。

边缘（仅适用于内发光）：应用从选区内部边缘向外发散的发光效果。

羽化对象边缘

（1）选择对象或组，或在"图层"面板中定位一个图层。

（2）选择"效果"→"风格化"→"羽化"命令。

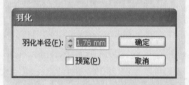

（3）设置希望对象从不透明渐隐到透明的中间距离，并单击"确定"按钮。

创建马赛克

（1）导入一张位图图像，将其作为马赛克的基底。必须嵌入此图像，而非链接。也可以栅格化一个矢量对象，将其作为马赛克的基底。

07

使用"矩形工具"再绘制一个矩形，放置在虚线矩形的下方，如图 4－16 所示。选中这两个图形，执行"路径查找器"→"减去顶层"命令，如图 4－17 所示。填色改为黑色，绘制成邮票的外轮廓，最终完成的效果如图 4－18 所示。

图 4－16

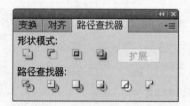

图 4－17

图 4－18

08

选中绘制好的邮票的外轮廓，设置"描边"为无，设置"填色"为灰色（R240，G240，B240），如图 4－19 所示。复制邮票的外轮廓，设置"填色"为深灰色（R220，G219，B219），如图 4－20 所示。调整图层的顺序，完成后的效果如图 4－21 所示。再绘制一个矩形放置在最上层的位置，完成效果如图 4－22 所示。

图 4 - 19

图 4 - 20

图 4 - 21

图 4 - 22

（2）选择图像。

（3）选择"对象"→"创建对象马赛克"命令。

（4）如果想更改马赛克的尺寸，请在"新建大小"中输入相应的值。

（5）设置用于控制拼贴之间的间距和拼贴总数的选项，以及任何其他选项，然后单击"确定"按钮。

约束比例：锁定原始位图图像的宽度和高度尺寸。"宽度"将以相应宽度所需的原始拼贴数为基础，计算达到所需的马赛克宽度需要的相应拼贴数。"高度"将以相应高度所需的原始拼贴数为基础，计算达到所需的马赛克高度需要的相应拼贴数。

结果：指定马赛克拼贴是彩色的还是黑白的。

使用百分比调整大小：通过调整宽度和高度的百分比来更改图像大小。

删除栅格：删除原始位图图像。

使用比率：利用"拼贴数量"中指定的拼贴数，使拼贴呈方形。此选项位于"取消"按钮下。

图形样式面板

使用"窗口"→"图形样式"命令打开"图形样式"面板来创建、命名和应用外观属性集。

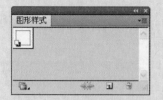

如果样式没有填色和描边（如仅适用于效果的样式），则缩览图会显示为带黑色轮廓和白色填色的对象。此外，会显示一条细小的红色斜线，指示没有填色或描边。

如果已为文字创建样式，从"图形样式"面板菜单中选择"使用文本进行预览"以查看应用于字母（而不是正方形）的样式的缩览图。

为更清晰地查看任何样式，或者在选定的对象上预览样式，在"图形样式"面板中右键单击（Windows）或按 Ctrl 键单击（Mac OS）此样式的缩览图并查看出现的大型弹出式缩览图。

可以执行下面的操作以更改在面板中列出图形样式：

（1）从面板菜单中选择一个视图大小选项。选择"缩览图视图"以显示缩览图。选择"小列表视图"将显示带小型缩览图的命名样式列表；选择"大列表视图"将显示带大型缩览图的命名样式列表。

（2）从面板菜单中选择"使用正方形进行预览"可在正方形或创建此样式的对象形状上查看此样式。

09

单击"符号"面板下方的"符号库菜单"按钮，如图 4 - 23 所示。在弹出的菜单中单击"花朵"选项卡，然后在弹出的"花朵"面板中单击"芙蓉"符号，将其添加到"符号"面板中，如图 4 - 24 所示，把符号添加在邮票中，完成如图 4 - 25 所示。然后在上面输入文字，完成如图 4 - 26、图 4 - 27 所示。

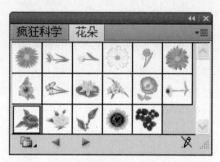

图 4 - 23

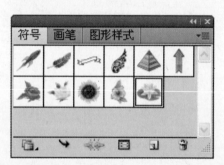

图 4 - 24

图 4 - 25

图 4 - 26

图 4 - 27

10

接下来绘制邮戳。单击"椭圆工具",绘制 2 个椭圆,中心对齐,如图 4 - 28 所示。然后使用"直线段工具"绘制 5 条直线,如图 4 - 29 所示。完成后按快捷键 Ctrl + G 将其编组,形成一个直线线段组。执行"效果"→"扭曲和变换"→"波纹效果"命令,在弹出的"波纹效果"对话框中设置参数,如图 4 - 30 所示,完成的效果如图 4 - 31 所示。

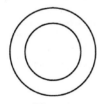

图 4 - 28

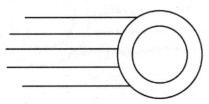

图 4 - 29

（3）将图形样式拖移至其他位置。当有一条黑线出现在所需位置时,松开鼠标按键。

（4）从面板菜单中选择"按名称排序"可按字母或数字顺序（Unicode 顺序）列出图形样式。

（5）从面板菜单中选择"使用文本进行预览"可在字母 T 上查看此样式。此视图为应用于文本的样式提供更准确的直观描述。

创建图形样式

可以通过向对象应用外观属性来从头开始创建图形,也可以基于其他图形样式来创建图形样式,也可以复制现有图形样式。

创建图形样式的步骤

（1）选择一个对象并对其应用任意外观属性组合,包括填色和描边、效果和透明度设置。

可以使用"外观"面板来调整和排列外观属性,并创建多种填充和描边。例如,可以在一种图形样式中包含三种填充,每种填充均带有不同的不透明度和混合模式（用于定义不同颜色之间如何相互作用）。

（2）执行下面的操作:

① 单击"图形样式"面板中的"新建图形样式"按钮。

② 从面板菜单选择"新建图形样式",在"样式名称"框中键入名称,然后单击"确定"按钮。

③ 将缩览图从"外观"面板（或将对象从插图窗口）拖动到"图形样式"面板中。

④ 按 Alt 键单击"新建图形样式"按钮,输入图形样式的名称,然后单击"确定"按钮。

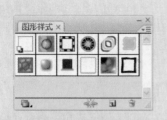

(3）将库中的图形样式移动到"图形样式"面板。

① 将一个或多个图形样式从图形样式库中拖动到"图形样式"面板。

② 选择要添加的图形样式，然后从库的面板菜单中选择"添加到图形样式"。

③ 将图形样式应用到文档中的对象。图形样式将会自动添加到"图形样式"面板中。

从其他文档导入所有图形样式

（1）选择"窗口"→"图形样式库"→"其他库"命令或从"图形样式"面板菜单中选择"打开图形样式库"→"其他库"命令。

（2）选择要从中导入图形样式的文件，单击"打开"按钮。图形样式将出现在一个"图形样式库"面板中。

提示：不是"图形样式"面板。

图 4－30

图 4－31

11

选中绘制好的邮戳，单击"画笔"面板右上方的下拉菜单，选择"打开画笔库"→"艺术效果-粉笔炭笔铅笔"，为印章添加艺术效果，如图 4－32 所示。完成效果如图 4－33 所示。

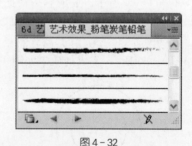

图 4－32

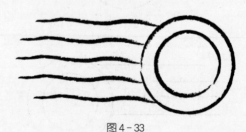

图 4－33

12

全选放射邮戳并按快捷键 Ctrl + G 将其编组,然后将编组图层调整到邮票的上面并拖动编辑框调整图形的大小,完成后如图 4 - 34、4 - 35 所示效果。

图 4 - 34

图 4 - 35

13

然后全选绘制好的邮票,放置在背景的前面,完成的效果如图 4 - 36 所示。

图 4 - 36

14

执行"文件"→"置入"命令，置入本书素材文件
"chapter4\混合叠加材质\纹理.jpg"，丰富画面的层次，
将纹理调整至图 4 - 37 所示的位置。

图 4 - 37

15

最后使用"钢笔工具"和"椭圆工具"，在画面的下方
增加一些邮票，再添加一些拓印的元素，增加画面的层次
感，效果如图 4 - 38 所示。至此，本实例制作完成。

图 4 - 38

4.2 底纹图形

知识点：叠加效果、艺术效果、模糊效果、扭曲效果、素描效果

01

运行 Adobe Illustrator CS5，执行"文件"→"新建"命令。创建一个尺寸为 210 mm×297 mm 的图形文件，设置"颜色模式"为 RGB，如图 4-39 所示。单击"确定"按钮。

图 4-39

02

单击"矩形工具"，沿绘图页面的大小绘制一个矩形。

知 识 点 提 示

艺术效果

艺术效果是基于栅格的效果，无论何时对矢量对象应用这些效果，都将使用文档的栅格效果设置。

彩色铅笔：使用彩色铅笔在纯色背景上绘制图像。保留重要边缘，外观呈粗糙阴影线；纯色背景色透过比较平滑的区域显示出来。

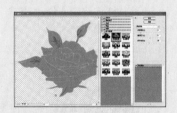

木刻：将图像描绘成好像是由从彩纸上剪下的边缘粗糙的剪纸

片组成的。高对比度的图像看起来呈剪影状，而彩色图像看上去是由几层彩纸组成的。

干画笔：使用干画笔技巧（介于油彩和水彩之间）绘制图像边缘。效果通过减小其颜色范围来简化图像。

胶片颗粒：将平滑图案应用于图像的暗调色调和中间色调；将一种更平滑、饱和度更高的图案添加到图像的较亮区域。在消除混合的条纹和将各种来源的图素在视觉上进行统一时，此效果非常有用。

壁画：以一种粗糙的方式，使用短而圆的描边绘制图像，使图像看上去像是草草绘制的。

然后设置"填色"为渐变，如图4-40所示。设置色标，依次为黄色（R241，G229，B52）、紫色（R219，G40，B115），深蓝色（R42，G47，B136），效果如图4-41所示。设置渐变方向，如图4-42所示。

图4-40

图4-41

图4-42

03

　　使用"椭圆工具"绘制一个正圆,并且将其复制、排列,完成的效果如图 4-43 所示。执行"对象"→"编组"命令,或使用快捷键 Ctrl + G 将其编组。选择编好组的图形,使用"旋转工具",单击图形最下端并按住 Alt 键,在弹出的"旋转"对话框中设置旋转角度为 10°,如图 4-44 所示。单击"复制"按钮,旋转后的效果如图 4-45所示。使用同样的方法复制图形,完成的放射图形效果如图4-46 所示。

图 4-43　　　　　　　　图 4-44

图 4-45

图 4-46

霓虹灯光:为图像中的对象添加各种不同类型的灯光效果。在为图像着色并柔化其外观时,此效果非常有用。若要选择一种发光颜色,请单击发光框,并从拾色器中选择一种颜色。

绘画涂抹:可以选择各种大小(1~50)和类型的画笔来创建绘画效果。画笔类型包括简单、未处理光照、暗光、宽锐化、宽模糊和火花。

调色刀:减少图像中的细节以生成描绘得很淡的画布效果,可以显示出其下面的纹理。

塑料包装:使图像有如罩了一层光亮塑料,以强调表面细节。

海报边缘：根据设置的海报化选项值减少图像中的颜色数，然后找到图像的边缘，并在边缘上绘制黑色线条。图像中较宽的区域将带有简单的阴影，而细小的深色细节则遍布图像。

粗糙蜡笔：使图像看上去好像是用彩色蜡笔在带纹理的背景上描出的。在亮色区域，蜡笔看上去很厚，几乎看不见纹理；在深色区域，蜡笔似乎被擦去了，使纹理显露出来。

涂抹棒：使用短的对角描边涂抹图像的暗区以柔化图像。亮区变得更亮，并失去细节。

海绵：使用颜色对比强烈、纹理较重的区域创建图像，使图像看上去好像是用海绵绘制的。

04

　　将绘制好的放射图形改变颜色，设置"描边"为无，"填色"为绿色（R218，G223，B0），如图 4 - 47 所示，效果如图 4 - 48 所示。将做好的放射图形放置在背景上，位置如图 4 - 49 所示。

图 4 - 47

图 4 - 48

图 4 - 49

05

选择已绘制好的放射图形,如图 4 - 50 所示。设置"描边"为无,"填色"为紫色(R118,G119,B174),效果如图 4 - 51 所示。打开"画笔"面板选择"新建画笔"命令,如图 4 - 52 所示。弹出"新建画笔"对话框,选择"新建图案画笔",如图 4 - 53 所示。弹出"画笔"面板,在"图案画笔选项"中选项的选择如图 4 - 54 所示。在"图案画笔选项"中如图 4 - 55 所示设置选项。

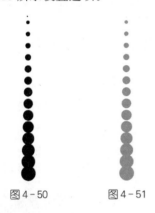

图 4 - 50   图 4 - 51

图 4 - 52

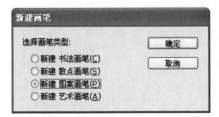

图 4 - 53

底纹效果: 在带纹理的背景上绘制图像,然后将最终图像绘制在该图像上。

水彩: 以水彩风格绘制图像,简化图像细节,并使用蘸了水和颜色的中号画笔绘制。当边缘有显著的色调变化时,此效果会使颜色更饱满。

模糊效果

"效果"菜单的"模糊"子菜单中的命令是基于栅格的,无论何时对矢量对象应用这些效果,都将使用文档的栅格效果设置。

高斯模糊: 以可调的量快速模糊选区。此效果将移去高频出现的细节,并产生一种朦胧的效果。

径向模糊：模拟对相机进行缩放或旋转而产生的柔和模糊。选择"旋转"，沿同心圆环线模糊，然后指定旋转的度数。选择"缩放"沿径向线模糊，好像是在放大或缩小图像，然后设置 1～100 之间的值。模糊品质包括"草图"、"好"和"最好"。"草图"的速度最快，但结果往往会颗粒化；选择"好"和"最好"都可以产生较为平滑的结果。如果不是选择一个较大范围的选区，后两者之间的效果差别并不明显。通过拖移"模糊中心"框中的图案，指定模糊的原点。

特殊模糊：精确地模糊图像。可以指定半径、阈值和模糊品质。半径值确定在其中搜索不同像素的区域大小。阈值确定像素具有多大差异后才会受到影响。也可以为整个选区设置模式（正常），或为颜色转变的边缘设置模式（"仅限边缘"和"叠加"）。

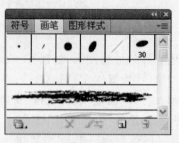

图 4 - 54

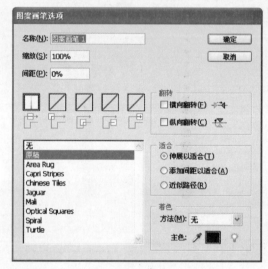

图 4 - 55

06

设置"填色"为无，设置"描边"为黑色，然后单击"椭圆工具"，绘制如图 4 - 56 所示的椭圆。完成后在"画笔"面板中，单击上面步骤中设置好的"图案画笔"，完成的效果如图 4 - 57 所示。把绘制好的图形放置在如图 4 - 58 所示的位置。

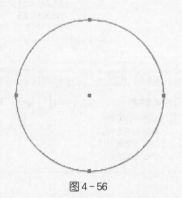

图 4 - 56

图4－57

图4－58

在对比度显著的地方，"仅限边缘"应用黑白混合的边缘，而"叠加边缘"应用白色的边缘。

画笔描边效果

"画笔描边"效果是基于栅格的效果，无论何时对矢量对象应用该效果，都将使用文档的栅格效果设置。

强化的边缘：强化图像边缘。当"边缘亮度"控制设置为较高的值时，强化效果看上去像白色粉笔。当它设置为较低的值时，强化效果看上去像黑色油墨。

成角的线条：使用对角描边重新绘制图像。用一个方向的线条绘制图像的亮区，用相反方向的线条绘制暗区。

阴影线：保留原稿图像的细节和特征，同时使用模拟的铅笔阴影线添加纹理，并使图像中彩色区域

07

设置"填色"为无，设置"描边"为黑色，然后单击"椭圆工具"，绘制若干椭圆，摆放成如图4－59所示的图形。完成后全选这些椭圆并选择"路径查找器"→"形状择模式"→"联集"，如图4－60所示。完成的云彩图形效果如图4－61所示。

的边缘变粗糙。"强度"选项用于控制阴影线的数目(1～3)。

深色线条：用短线条绘制图像中接近黑色的暗区；用长的白色线条绘制图像中的亮区。

墨水轮廓：以钢笔画的风格，用纤细的线条在原细节上重绘图像。喷溅模拟喷溅喷枪的效果。增加选项值可以简化整体效果。

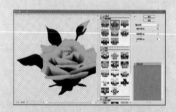

喷色描边：使用图像的主导色，用成角的、喷溅的颜色线条重新绘画图像。

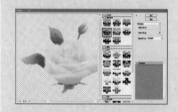

烟灰墨：以日本画的风格绘画图像，看起来像是用蘸满黑色油墨

图 4 - 59

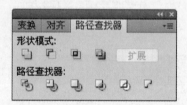

图 4 - 60

图 4 - 61

08

设置"填色"为渐变色，如图 4 - 62 所示。设置"描边"为红色，完成的效果如图 4 - 63 所示。

图 4 - 62

图4-63

09

对完成后的曲线执行"效果"→"风格化"→"外发光"命令,在弹出的对话框中如图4-64所示设置各项参数,单击"确定"按钮,效果如图4-65所示。再将发光的云朵放到背景上,效果如图4-66所示。

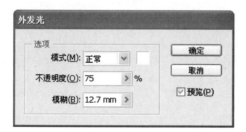

图4-64

图4-65

的湿画笔在宣纸上绘画。其效果是非常黑的柔化模糊边缘。

扭曲效果(菜单的下部区域)

"扭曲"命令可能会占用大量内存。这些效果是基于栅格的效果,无论何时对矢量对象应用这些效果,都将使用文档的栅格效果设置。

扩散亮光:将图像渲染成好像是透过一个柔和的扩散滤镜来观看的。此效果将透明的白杂色添加到图像,并从选区的中心向外渐隐亮光。

玻璃:使图像显得像是透过不同类型的玻璃来观看的。可以选择一种预设的玻璃效果,也可以使用 Photoshop 文件创建自己的玻璃面,也可以调整缩放、扭曲和平滑度设置,以及纹理选项。

海洋波纹:将随机分隔的波纹添加到图稿,使图稿看上去像是在水中。

像素化效果

　　"像素化"效果是基于栅格的效果,无论何时对矢量对象应用这些效果,都将使用文档的栅格效果设置。

　　彩色半调:模拟在图像的每个通道上使用放大的半调网屏的效果。对于每个通道,效果都会将图像划分为多个矩形,然后用圆形替换每个矩形。圆形的大小与矩形的亮度成比例。

　　若要使用效果,请为半调网点的最大半径输入一个以像素为单位的值(4～127),再为一个或多个通道输入一个网屏角度值(网点与实际水平线的夹角)。对于灰度图像,只使用通道 1;对于 RGB 图像,使用通道 1、2 和 3,分别对应于红色通道、绿色通道与蓝色通道;对于 CMYK 图像,使用全部四个通道,分别对应于青色通道、洋红色通道、黄色通道以及黑色通道。

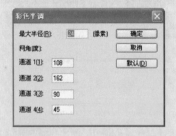

图 4 - 66

10

　　接下来使用"文字工具"输入文字,设置"描边"为无,"填色"为白色,如图 4 - 67 所示在"字符"对话框中设置字符格式,完成效果如图 4 - 68 所示。

图 4 - 67

图 4 - 68

11

　　全选放射的图形,然后将编组图层调整到云彩图形的下面并拖动编辑框调整图形的大小,完成后设置混合模式为"明度",如图 4 - 69 所示。得到效果如图 4 - 70 所示。

图 4 - 69

晶格化:将颜色集结成块,形成多边形。

铜版雕刻:将图像转换为黑白区域的随机图案或彩色图像中完全饱和颜色的随机图案。从"铜版雕刻"对话框的"类型"弹出式菜单中选择一种网点图案即可使用此效果。

点状化：将图像中的颜色分解为随机分布的网点，如同点状化绘画一样，并使用背景色作为网点之间的画布区域。

锐化效果

　　"效果"菜单的"锐化"子菜单中的"USM 锐化"命令通过增加相邻像素的对比度来聚焦模糊图像。这种效果是基于栅格的效果，无论何时对矢量图形应用这种效果，都将使用文档的栅格效果设置。

　　USM 锐化：查找图像中颜色发生显著变化的区域，然后将其锐化。使用"USM 锐化"效果可以调整边缘细节的对比度，在边缘的每一边产生一条较亮的线和一条较暗的线。该效果可以强调边缘并创建效果较为锐利的图像。

图 4－70

12

　　设置"描边"为无，"填色"为绿色（R134，G188，B67），然后单击"星形工具"，在绘图页面外单击后，弹出"星形"对话框，如图 4－71 所示设置参数。单击"确定"按钮，创建一个星形，效果如图 4－72 所示。

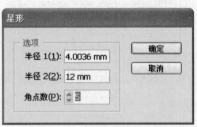

图 4－71

图 4－72

13

执行"效果"→"3D"→"凸出和斜角"命令,如图4-73所示。在弹出的"3D凸出和斜角选项"对话框中进行设置,设置参数如图4-74所示,效果如图4-75所示。

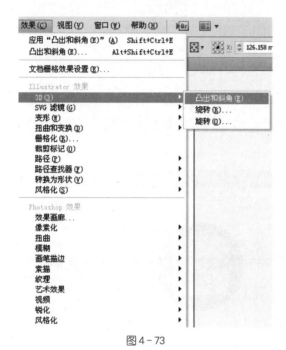

图4-73

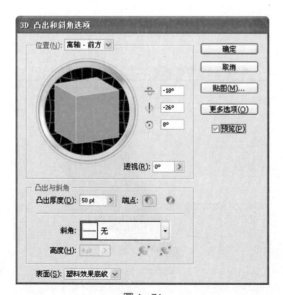

图4-74

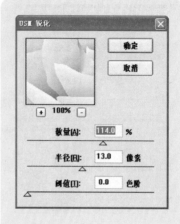

素描效果

许多"素描"效果都使用黑白颜色来重绘图像。这些效果是基于栅格的效果,无论何时对矢量图形应用这些效果,都将使用文档的栅格效果设置。

基底凸现: 变换图像,使之呈现浮雕的雕刻状和突出光照下变化各异的表面。图像中的深色区域将被处理为黑色;而较亮的颜色则被处理为白色。

粉笔和炭笔: 重绘图像的高光和中间调,其背景为粗糙粉笔绘制的纯中间调。阴影区域用对角炭笔线条替换。炭笔用黑色绘制,粉笔用白色绘制。

炭笔: 重绘图像,产生色调分离的、涂抹的效果。主要边缘以粗线条绘制,而中间色调用对角描边进行素描。炭笔被处理为黑色;纸张被处理为白色。

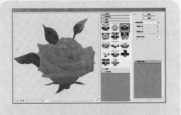

铬黄：将图像处理成好像是擦亮的铬黄表面。高光在反射表面上是高点，暗调是低点。

炭精笔：在图像上模拟浓黑和纯白的炭精笔纹理。炭精笔效果对暗色区域使用黑色，对亮色区域使用白色。

绘图笔：使用纤细的线性油墨线条捕获原始图像的细节。此效果将通过用黑色代表油墨，用白色代表纸张来替换原始图像中的颜色。此命令在处理扫描图像时的效果十分出色。

图 4 - 75

14

继续在"3D 凸出和斜角选项"对话框中如图 4 - 76 所示设置各项参数，再单击"确定"按钮，效果如图 4 - 77 所示。

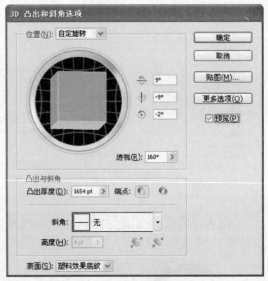

图 4 - 76

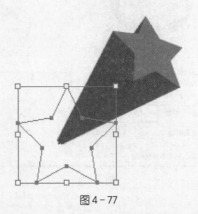

图 4 - 77

15

执行"对象"→"扩展外观"命令,如图4-78,完成效果如图4-79所示。

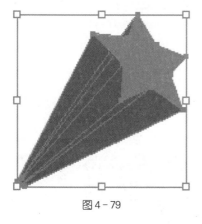

图4-78

图4-79

16

然后单击星星,双击选中星星的尾光部分,为选中的部分添加渐变颜色,如图4-80所示。设置色标,依次为黄色(R241,G229,B52)、紫色(R219,G40,B115)、深蓝色(R42,G47,B136),如图4-81所示。设置后渐变效果如图4-82所示。

半调图案:在保持连续的色调范围的同时模拟半调网屏的效果。

便条纸:创建好像是用手工制作的纸张构建的图像。此效果可以简化图像并将"颗粒"命令("纹理"子菜单)的效果与浮雕外观进行合并。图像的暗区显示为纸张上层中被白色所包围的洞。

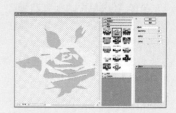

影印:模拟影印图像的效果。大的暗区趋向于只复制边缘四周,而中间色调要么为纯黑色,要么为纯白色。

塑料效果:对图像进行类似塑料的塑模成像,然后使用黑色和白色为结果图像上色。暗区凸起,亮区凹陷。

网状：模拟胶片乳胶的可控收缩和扭曲来创建图像，使之在暗调区域呈结块状，在高光区域呈轻微颗粒化。图章滤镜可简化图像，使之呈现用橡皮或木制图章盖印的样子。此命令用于黑白图像时效果最佳。

撕边：将图像重新组织为粗糙的撕碎纸片的效果，然后使用黑色和白色为图像上色。此命令对于由文本或对比度高的对象所组成的图像很有用。

水彩画纸：利用有污渍的、像画在湿润而有纹的纸上的涂抹方式，使颜色渗出并混合。

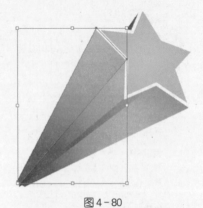

图 4-80

图 4-81

图 4-82

17

然后单击星星，双击五角星部分作为选中部分，为选中的部分添加渐变颜色。设置色标依次为黄色（R207，G214，B49）、绿色（R134，G188，B67），如图 4-83 所示。完成后的效果如图 4-84 所示。

图4-83

图4-84

18

然后复制放射状星星，调整它们的先后顺序，完成好的效果如图4-85所示。

图4-85

风格化效果（菜单的下部区域）

"照亮边缘"效果是基于栅格的效果，无论何时对矢量图形应用这种效果，都将使用文档的栅格效果设置。

照亮边缘：标识颜色的边缘，并向其添加类似霓虹灯的光亮。

纹理效果

"纹理"效果是基于栅格的效果，无论何时对矢量图形应用这些效果，都将使用文档的栅格效果设置。

龟裂缝：将图像绘制在一个高处凸现的模型表面上，以循着图像等高线生成精细的网状裂缝。使用此效果可以对包含多种颜色值或灰度值的图像创建浮雕效果。

颗粒：通过模拟不同种类的颗粒（常规、柔和、喷洒、结块、强反差、扩大、点刻、水平、垂直或斑点）对图像添加纹理。

马赛克：拼贴绘制图像，使它看起来像是由小的碎片或拼贴组成，然后在拼贴之间添加缝隙。

提示："像素化"→"马赛克"命令则将图像分解成各种颜色的像素块。

拼缀图：将图像分解为由若干方形图块组成的效果，图块的颜色由该区域的主色决定。此效果随机减小或增大拼贴的深度，以复现高光和暗调。

染色玻璃：将图像重新绘制成许多相邻的单色单元格效果，边框由前景色填充。

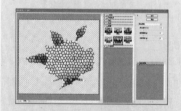

纹理化：将所选择或创建的纹理应用于图像。

19

最后为画面添加一些元素来丰富画面。执行"文件"→"置入"命令，弹出"置入"对话框，置入本书"chapter4\底纹图形"文件夹下的素材文件，将其调整至画面的中间，效果如图 4 - 86 所示。至此，本实例制作完成。

图 4 - 86

本章小结

本章的实例使大家掌握制作混合材质和底纹相关的基本知识、操作方法和使用步骤，并对图层样式的制作，以及如何实现叠加效果、艺术效果、模糊效果、扭曲效果、素描效果等知识点进行专门的提炼讲解。

课后练习

1 艺术效果分为哪几种？

2 设计一组底纹材质。

5

矢量插画设计与制作

本课学习时间：12 课时

学习目标：掌握 Illustrator CS5 插画绘制基础知识，学习游戏角色插画绘制

教学重点：插画绘制，钢笔运用

教学难点：游戏角色插画绘制

讲授内容：钢笔工具绘图，编辑路径，图层，铅笔工具

课程范例文件：\chapter5\游戏男角色．ai，
　　　　　　　\chapter5\游戏女角色．ai

学习如何使用 Illustrator CS5 进行矢量的游戏角色插画绘制，如用"钢笔工具"绘制直线段、用"钢笔工具"绘制曲线、编辑路径等。在 Illustrator 中使用"钢笔工具"绘图是进一步深入学习的基础。

案例一　游戏男角色插画绘制

案例二　游戏女角色插画绘制

5.1 游戏男角色插画绘制

知识点：钢笔工具绘制直线段、用钢笔工具绘制曲线、编辑路径

01

运行 Adobe Illustrator CS5，执行"文件"→"新建"命令，创建一个尺寸为 200 mm×200 mm 的图形文件，颜色模式为 CMYK，如图 5-1 所示，单击"确定"按钮。

图 5-1

02

单击"矩形工具"，绘制与绘图页面的大小一致的一个矩形，设置颜色（C = 87，M = 63，Y = 56，K = 52），如图 5-2 所示，描边为无，得到如图 5-3 所示的绘图背景。

用"钢笔工具"绘制直线段

用"钢笔工具"可以绘制的最简单路径是直线。单击"钢笔工具"创建两个锚点。继续单击可创建由锚点连接的直线段组成的路径。

单击钢笔工具将创建直线段。

（1）选择"钢笔工具"。

（2）将"钢笔工具"定位到所需的直线段起点并单击，以定义第一个锚点（不要拖动）。

（3）再次单击希望线段结束的位置（按 Shift 并单击，可将线段的角度限制为 45°的倍数）。

（4）继续单击，为其他直线段设置锚点。

最后添加的锚点显示为实心方形,表示已选中状态。当添加更多的锚点时,以前定义的锚点会变成空心并被取消选择。

(5)执行下列操作,可以完成路径:

① 闭合路径,将"钢笔工具"定位在第一个(空心)锚点上。如果放置的位置正确,"钢笔工具"指针旁将出现一个小圆圈。单击或拖动可闭合路径。

② 保持路径开放,按住 Ctrl 键并单击远离所有对象的任何位置。

用"钢笔工具"绘制曲线

创建曲线:在线段要改变方向的位置添加一个锚点,然后拖动构成曲线形状的方向线。方向线的长度和斜度决定了曲线的形状。

使用尽可能少的锚点拖动曲线,可以更容易编辑曲线并可更快速显示和打印它们。使用过多点还会在曲线中造成不必要的凸起。

(1)选择"钢笔工具"。

(2)将"钢笔工具"定位到曲线的起点,并按住鼠标按钮。此时会出现第一个锚点,同时"钢笔工具"指针变为一个箭头。

(3)拖动以设置要创建的曲线段的斜度,然后松开鼠标按钮。

编辑路径

(1)选择路径、线段和锚点:在改变路径形状或编辑路径前,必须选择路径的锚点或线段。

(2)选择锚点:选择锚点有以下几种方法:

① 使用"直接选择工具",单击锚点进行选择。按 Shift 键并单击可选择多个锚点。

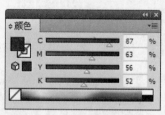

图 5-2　　　　　　图 5-3

03

设置填色为(C = 45,M = 46,Y = 26,K = 1),如图5-4所示。单击"钢笔工具",在绘图区绘制头发的路径,如图5-5所示。完成效果如图5-6所示。

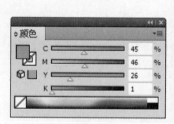

图 5-4　　　　　　图 5-5

图 5-6

04

设置"填色"为"无",描边颜色(C = 69,M = 63,Y = 62,K = 58),如图5-7所示。单击"钢笔工具",给头发绘制边线。绘制路径时要注意保持线条流畅,如图5-8所示。

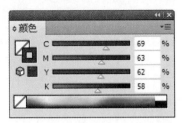

图 5-7

图 5-8

05

单击"钢笔工具",为人物的头发绘制阴影,再设置填色为(C＝59,M＝59,Y＝39,K＝14),如图 5-9 所示。完成效果如图 5-10 所示。

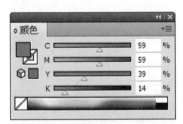

图 5-9

图 5-10

② 选择"直接选择工具"并在锚点周围拖动边界。按 Shift 并在其他锚点周围拖移以选择它们。

③ 不选择包含锚点的路径。将"直接选择工具"移动到锚点上方,直到指针显示空心方形,然后单击锚点。按 Shift 键并单击其他锚点以选择。

④ 选择套索工具并在锚点周围拖动。按 Shift 并在其他锚点周围拖移以选择它们。

(3) 选择路径段:选择路径段的操作步骤:

① 选择直接选择工具,然后在线段的 2 个像素内单击,将选取框拖动到线段部分的上方。按 Shift 键并单击,按 Shift 键并在其他路径段周围拖动以选择它们。

② 选择"套索工具",并在路径段的部分周围拖动。按 Shift 并在其他路径段周围拖移以选择它们。

(4) 选择路径中的所有锚点和线段:

① 选择直接选择工具,在 Illustrator 中选择套索工具。

② 在整个路径周围拖动。如果已填充路径,还可以使用"直接选择工具"在路径内部单击,以选择所有锚点。

(5) 复制路径:用"选择工具"或"直接选择工具"选择路径或线段:

① 用标准菜单功能在应用程序内或各个应用程序之间复制和粘贴路径。

② 按 Alt 键并将路径拖动到所需位置,然后松开鼠标按钮和 Alt 键。

（6）调整路径段：在编辑路径段时记住以下提示：

① 一个锚点连接两条线段，则移动该锚点将总是更改两条线段。

② 使用"钢笔工具"进行绘制时，按 Ctrl 键可暂时激活上次使用的选择工具。

③ 当最初使用"钢笔工具"绘制平滑点时，拖动方向点将更改平滑点两侧方向线的长度。但当使用"直接选择工具"编辑现有平滑点时，将只更改所拖动一侧上的方向线的长度。

移动直线段

（1）使用直接选择工具，选择要调整的线段。

（2）将线段拖动到它的新位置。

调整直线段的长度或角度

（1）使用直接选择工具，在要调整的线段上选择一个锚点。

（2）将锚点拖动到所需的位置。按住 Shift 键拖动可将调整限制为 45°的倍数。

调整曲线段的位置或形状

（1）使用直接选择工具，选择一条曲线段或曲线段任一个端点上的一个锚点。如果存在任何方向线，则将显示这些方向线（某些曲线段只使用一条方向线）。

（2）要调整线段的位置，拖移此线段。按 Shift 键拖动可将调整限制为 45°的倍数。

删除线段

（1）选择直接选择工具，然后选择要删除的线段。

（2）按 Backspace 键或 Delete

06

单击"钢笔工具"，绘制人物的面具。首先绘制曲线形锚点，在起点按下鼠标之后不要松手，向上拖出一条方向线后松开鼠标，然后在第二个锚点拖动出一条向下的方向线，如下图 5-11 所示。依次类推，画出如图 5-12 所示的路径。设置颜色（C = 74，M = 62，Y = 75，K = 50），描边颜色（C = 50，M = 76，Y = 76，K = 74）。完成效果如图 5-13 所示。

图 5-11

图 5-12

图 5-13

07

单击"钢笔工具",继续绘制人物的面具,并设置颜色为(C = 45,M = 2,Y = 0,K = 0),描边颜色为(C = 50,M = 70,Y = 80,K = 70)。完成效果如图 5 - 14 所示。

图 5 - 14

08

单击"钢笔工具",绘制面具上的高光点,如图 5 - 15 所示。设置颜色为白色。在渐变工具中降低透明度,如图 5 - 16 所示。完成效果图 5 - 17 所示。

图 5 - 15

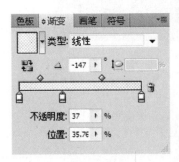

图 5 - 16

图 5 - 17

键删除所选线段。再次按 Backspace 键或 Delete 键可抹除路径的其余部分。

扩展开放路径

(1) 使用"钢笔工具"将指针定位到要扩展的开放路径的端点上。当将指针准确地定位到端点上方时,指针将发生变化。

(2) 单击此端点。

(3) 执行以下操作:

① 要创建角点,将"钢笔工具"定位到所需的新线段终点,然后单击。

② 如果要扩展一个以平滑点为终点的路径,则新线段将被现有方向线创建为曲线。

提示:在 Illustrator 中,如果扩展以平滑点为终点的路径,则新线段将是直的。

连接两条开放路径

(1) 使用"钢笔工具"将指针定位到要连接到另一条路径的开放路径的端点上。当将指针准确地定位到端点上方时,指针将发生变化。

(2) 单击此端点。

(3) 执行的操作:

① 将此路径连接到另一条开放路径,单击另一条路径上的端点。如果将"钢笔工具"精确地放在另一个路径的端点上,指针旁边将出现小合并符号。

② 将新路径连接到现有路径,可在现有路径旁绘制新路径,然后将钢笔工具移动到现有路径(未所选)的端点。当看到指针旁边出现小合并符号时,单击该端点。

擦除图稿

可以使用"路径橡皮擦工具"、"橡皮擦工具"或 Wacom 光笔上的橡皮擦擦除图稿的一部分。

"路径橡皮擦工具"可让通过沿路径进行绘制来抹除此路径的各个部分。当希望将要抹除的部分限定为一个路径段(如三角形的一条边)时,此工具很有用。

"橡皮擦工具"和 Wacom 光笔上的橡皮擦可擦除图稿的任何区域,而不管图稿的结构如何。可以对路径、复合路径、"实时上色"组内的路径和剪贴路径使用"橡皮擦工具"。

橡皮擦工具选项

双击"工具"面板中的"橡皮擦工具",可以更改此工具的选项。

提示:可以随时更改直径,按"]"可增加直径,按"["可减少直径。

角度:确定此工具旋转的角度。拖移预略区中的箭头,或在"角度"文本框中输入一个值。

圆度:确定此工具的圆度。将预略中的黑点朝向或背离中心方向拖移,或者在"圆度"文本框中输入一个值。该值越大,圆度就越大。

直径:确定此工具的直径。使用"直径"滑块,或在"直径"文本框中输入一个值。

每个选项右侧的弹出列表可让控制此工具的形状发生变化。选择以下选项之一:

09

使用前面相同的方法,继续绘制头盔上的其他高光处,路径调整如图 5 – 18 所示。完成如图 5 – 19 所示。

图 5 – 18   图 5 – 19

10

设置"填色"分别为橙色(C = 0, M = 50, Y = 99, K = 0)、深橙色(C = 0, M = 71, Y = 100, K = 0)、黄色(C = 1, M = 31, Y = 89, K = 0),并用"钢笔工具"绘制人物的面罩,效果如图 5 – 20 所示。

图 5 – 20

11

设置"填色"为深肉色(C = 15, M = 37, Y = 55, K = 0)、浅肉色(C = 0, M = 24, Y = 39, K = 0),绘制人物的脸,效果如图 5 – 21 所示。

图 5 – 21

12

设置填色为红色(C = 0，M = 100，Y = 100，K = 0)、橙色(C = 0，M = 69，Y = 100，K = 0)，并绘制人物的领子，效果如图 5 – 22 所示。完成后继续设置"填色"为橙色(C = 0，M = 69，Y = 100，K = 0)、黄色(C = 2，M = 22，Y = 70，K = 0)、蓝色(C = 62，M = 4，Y = 0，K = 0)，绘制人物胸前的装饰，效果如图 5 – 23 所示。

图 5 – 22

图 5 – 23

13

设置"填色"为深蓝色(C = 67，M = 23，Y = 0，K = 0)、浅蓝色(C = 40，M = 7，Y = 6，K = 0)，并绘制衣袖上的装饰物，效果如图 5 – 24 所示。

固定：使用固定的角度、圆度或直径。

随机：使角度、圆度或直径随机变化。在"变量"文本框中输入一个值，来指定画笔特征的变化范围。例如，当"直径"值为 15 pt，"变量"值为 5 pt 时，直径可以是 10 pt 或 20 pt，或是其间的任意数值。

压力：根据绘画光笔的压力使角度、圆度或直径发生变化。此选项与"直径"选项一起使用时非常有用。仅当有图形输入板时，才能使用该选项。在"变量"文本框中输入一个值，指定画笔特性将在原始值的基础上有多大变化。例如，当"圆度"值为 75% 而"变量"值为 25% 时，最细的描边为 50%，而最粗的描边为 100%。压力越小，画笔描边越尖锐。

光笔轮：根据光笔轮的操作使直径发生变化。

倾斜：根据绘画光笔的倾斜使角度、圆度或直径发生变化。此选项与"圆度"一起使用时非常有用。仅当具有可以检测钢笔倾斜方向的图形输入板时，此选项才可用。

方位：根据绘画光笔的压力使角度、圆度或直径发生变化。此选项对于控制书法画笔的角度(特别是在使用像画刷一样的画笔时)非常有用。仅当具有可以检测钢笔垂直程度的图形输入板时，此选项才可用。

旋转：根据绘画光笔笔尖的旋转程度使角度、圆度或直径发生变化。此选项对于控制书法画笔的角度(特别是在使用像平头画笔一样的画笔时)非常有用。仅当具有可以检测这种旋转类型的图形输入板时，才能使用此选项。

分割路径

可用在任意锚点或沿任意线段分割路径。分割路径时，注意以下事项：

（1）将封闭路径分割为两个开放路径，必须在路径上的两个位置进行切分。如果只切分封闭路径一次，则将获得一个其中包含间隙的路径。

（2）由分割操作生成的任何路径都继承原始路径的路径设置，如描边粗细和填充颜色。描边对齐方式会自动重置为居中。

分割路径操作步骤

（1）（可选）选择路径以查看其当前锚点。

（2）执行下面的操作：

① 选择"剪刀工具"并单击要分割路径的位置。在路径段中间分割路径时，两个新端点将重合（一个在另一个上方）并选中其中的一个端点。

② 选择要分割路径的锚点，然后单击"控制"面板中的"在所选锚点处剪切路径"按钮。当在锚点处分割路径时，新锚点将出现在原锚点的顶部，并会选中一个锚点。

（3）使用"直接选择工具"调整新锚点或路径段。

提示：可以使用"美工刀工具"将一个对象划分为各个构成部分的表面（表面是指线段不可划分的区域）。

使用"铅笔工具"绘制自由路径

（1）选择"铅笔工具"。

（2）将"铅笔工具"定位到希望路径开始的地方，然后拖动以绘制路径。"铅笔工具"将显示一个小×以指示绘制任意路径。

当拖动路径时，一条点线将跟

图 5 - 24

14

设置"填色"为深灰色（C＝74，M＝62，Y＝57，K＝50）、浅蓝色（C＝39，M＝8，Y＝6，K＝0）、深褐色（C＝51，M＝74，Y＝75，K＝73）。设置手掌的颜色（C＝16，M＝1，Y＝0，K＝0）、手掌阴影的颜色（C＝42，M＝29，Y＝29，K＝1），并绘制左手，效果如图 5 - 25 所示。完成后用同样的颜色和方法绘制右手，效果如图 5 - 26 所示。

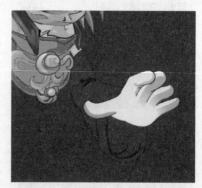

图 5 - 25

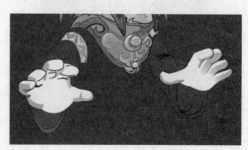

图 5 - 26

15

设置"填色"为橙色(C = 0，M = 50，Y = 98，K = 0)、黄色(C = 1，M = 12，Y = 100，K = 0)、浅蓝色(C = 65，M = 0，Y = 2，K = 0)、深蓝色(C = 67，M = 22，Y = 0，K = 0)，并绘制项链，效果如图 5 - 27 所示。

图 5 - 27

16

设置"填色"为深灰色(C = 74，M = 62，Y = 57，K = 50)、浅蓝色(C = 38，M = 8，Y = 4，K = 0)、深蓝色(C = 93，M = 60，Y = 23，K = 3)，并绘制衣服胸前的图形，效果如图 5 - 28 所示。

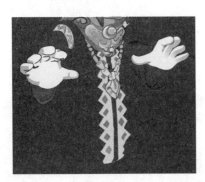

图 5 - 28

17

设置"填色"为深灰色(C = 75，M = 63，Y = 56，K = 48)，描边为深褐色(C = 49，M = 75，Y = 77，K = 73)，用"钢笔工具"绘制人物的衣服，效果如图 5 - 29 所示。

随指针出现。锚点出现在路径的两端和路径上的各点。路径采用当前的描边和填色属性，并且默认情况下处于选中状态。

使用铅笔工具绘制闭合路径

(1) 选择"铅笔工具"。

(2) 将"铅笔工具"定位到希望路径开始的地方，然后开始拖动绘制路径。

(3) 开始拖动后，按 Alt 键。"铅笔工具"显示一个小圆圈以指示正在创建一个闭合路径。

(4) 当路径达到所需大小和形状时，松开鼠标按钮(不是 Alt 或 Option 键)。路径闭合后，松开 Alt 或 Option 键。

使用"铅笔工具"编辑路径

可以使用铅笔工具编辑任何路径，并在任何形状中添加任意线条和形状。

使用"铅笔工具"添加路径

(1) 选择现有路径。

(2) 选择"铅笔工具"。

(3) 将"铅笔工具"定位到路径端点。当"铅笔工具"旁边的小X消失时，即表示已非常靠近端点。

(4) 拖动以继续添加路径。

使用铅笔工具连接 2 条路径

(1) 按 Shift 并单击，或使用选择工具围绕两条路径拖移以选择 2 条路径。

(2) 选择"铅笔工具"。

(3) 将"铅笔工具"定位到希望从一条路径开始的地方，然后开始向另一条路径拖动。

(4) 开始拖移后，按住 Ctrl 键，"铅笔工具"会显示一个小的合并符号以指示正添加到现有路径。

　　(5) 拖动到另一条路径的端点上，松开鼠标按钮，然后松开 Ctrl 或 Command 键。

　　提示：要获得最佳效果，从一条路径拖动到另一条，就像沿着路径创建的方向继续一样。

使用"铅笔工具"改变路径形状

　　(1) 选择要更改的路径。

　　(2) 将"铅笔工具"定位在要重新绘制的路径上或附近。

　　当小×从"铅笔工具"旁消失时，即表示与路径非常接近。

　　(3) 拖动工具直到路径达到所需形状。

"铅笔工具"选项

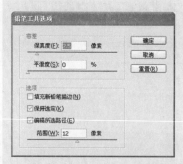

　　双击"铅笔工具"以设置任何以下选项：

　　保真度：控制必须将鼠标或光笔移动多大距离才会向路径添加新锚点。值越高，路径就越平滑，复杂度就越低。值越低，曲线与指针的移动就越匹配，从而将生成更尖锐的角度。保真度的范围为 0.5～20 像素。

　　平滑度：控制使用工具时所应用的平滑量。平滑度的范围为 0%～100%。值越高，路径就越平滑。值越低，创建的锚点就越多，保留的线条的不规则度就越高。

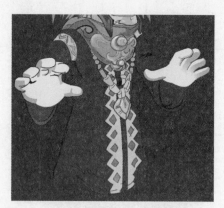

图 5-29

18

　　设置颜色为橙色($C=0$，$M=68$，$Y=100$，$K=0$)、黄色($C=0$，$M=21$，$Y=87$，$K=0$)，并绘制左腰带，效果如图 5-30 所示。用同样的方法绘制右腰带，设置颜色为蓝色($C=60$，$M=0$，$Y=0$，$K=0$)，效果如图 5-31 所示。

图 5-30

图 5-31

19

　　设置"填色"为深灰色($C=72$，$M=67$，$Y=65$，$K=$

80)、灰色(C＝72，M＝53，Y＝51，K＝63)，不透明度为0％，如图5-32所示。绘制衣服的褶皱，效果如图5-33所示。

图5-32　　　　　　　　　　图5-33

填充新铅笔描边:选择此选项后将对绘制的铅笔描边应用填充，但不对现有铅笔描边应用填充。在绘制铅笔描边前选择填充。

保持所选:确定在绘制路径之后是否保持路径的所选状态。此选项默认为已选中。

编辑所选路径:确定当与选定路径相距一定距离时，是否可以更改或合并选定路径(通过下一个选项指定)。

范围:像素决定鼠标或光笔与现有路径必须达到多近距离，才能使用"铅笔工具"编辑路径。此选项仅在选择了"编辑所选路径"选项时可用。

20

设置"填色"为深灰色(C＝49，M＝39，Y＝30，K＝3)、浅灰色(C＝11，M＝7，Y＝8，K＝0)、橙色(C＝0，M＝50，Y＝100，K＝0)、黄色(C＝1，M＝27，Y＝71，K＝0)、蓝色(C＝66，M＝22，Y＝0，K＝0)、深红色(C＝27，M＝100，Y＝100，K＝34)、浅红色(C＝13，M＝100，Y＝100，K＝4)，并绘制鞋子,用"钢笔工具"调整鞋子轮廓的各个端点，效果如图5-34所示。用同样的方法绘制另一只鞋子，如图5-35所示。

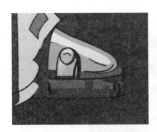 

图5-34　　　　　　　　　　图5-35

21

单击椭圆工具，绘制一个圆，并设置三个渐变色标均为蓝色(C＝72，M＝0，Y＝0，K＝1)，右端色标不透明度为0，如图5-36所示，完成效果如图5-37所示。同样再绘制一个稍大一点的圆，设置渐变色标为蓝色(C＝

59，M = 0，Y = 0，K = 0），右端色标不透明度为 0，如图 5 - 38 所示。完成效果如图 5 - 39 所示。

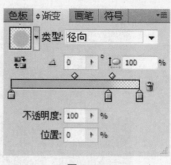

图 5 - 36

图 5 - 37

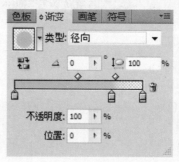

图 5 - 38

图 5 - 39

22

框选两个圆，按 Ctrl + G 把两个圆编组，并放在如图 5 - 40 所示的位置。

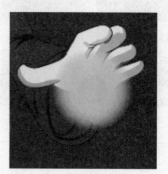

图 5 - 40

23

按住 Alt 键的同时拖动图形，复制一个元素图形，放置在如图 5 - 41 所示的位置。

图 5 - 41

24

　　使用上述的绘制方法，绘制人物背后的星光，效果如图 5 - 42 所示。

图 5 - 42

25

　　将"图层 1"拖移至"创建新图层"按钮处，复制得到"图层 1 - 复制"，然后按快捷键 Ctrl + [，将其调整到"图层 1"图层的下面，如图 5 - 43 所示。完成后分别单击"与图像区域相加"按钮，合并图形，完成效果如图 5 - 44 所示，隐藏图层 1。

图 5 - 43

图 5 - 44

26

选择"效果"→"模糊"→"高斯模糊"命令,在弹出的
"高斯模糊"面板中设置如图 5 - 45 所示的数值,完成效
果如图 5 - 46 所示。然后放置到绘制好的人物底层,效
果如图 5 - 47 所示。

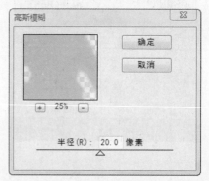

图 5 - 45

图 5 - 46

图 5 - 47

27

单击椭圆工具,绘制两个椭圆,如图 5 - 48 所示。框选两个椭圆,按"减去顶层"按钮对其进行裁剪,完成效果如图 5 - 49 所示。

图 5 - 48

图 5 - 49

28

用"选择工具"选中圆环,如图 5 - 50 所示。在"透明度"选项中,按图 5 - 51 所示的数值将其透明度降低。然后选择"效果"→"模糊"→"高斯模糊"命令,在弹出的"高斯模糊"对话框中设置如图 5 - 52 所示的数值。完成的效果如图 5 - 53 所示。

图 5 - 50

图 5 - 51

图 5 - 52

图 5 - 53

29

单击"椭圆工具",绘制一个椭圆,效果如图 5 - 54
所示。

图 5 - 54

30

单击"钢笔工具"绘制一个四边形,如图 5 - 55 所示。然后使用"剪切工具"分别对两个环形进行裁剪,效果如图 5 - 56 所示。

图 5 - 55

图 5 - 56

31

使用同样的方法绘制另一个圆环,效果如图 5 - 57 所示。至此,本实例制作完成。

图 5 - 57

5.2 游戏女角色插画绘制

知识点：使用图层、复制对象

知识点提示

图层

　　创建复杂图稿时，要跟踪文档窗口中的所有项目并不容易。有些较小的项目隐藏于较大的项目之下，增加了选择的难度。而图层则为提供了一种有效方式来管理组成图稿的所有项目。可以将图层视为结构清晰的含图稿文件夹。如果重新安排文件夹，就会更改图稿中项目的堆叠顺序。可以在文件夹间移动项目，也可以在文件夹中创建子文件夹。

　　文档中的图层结构可以很简单，也可以很复杂，这一切都由用户设定。默认情况下，所有项目都被组织到一个单一的父图层中。

　　可以创建新的图层，并将项目移动到这些新建图层中，或随时将项目从一个图层移动到另一个图层中。"图层"面板提供了一种简

01

　　运行 Adobe Illustrator CS5，执行"文件"→"新建"命令，创建一个尺寸为 400 mm×400 mm 的图形文件，如图 5–58 所示。单击"确定"按钮。

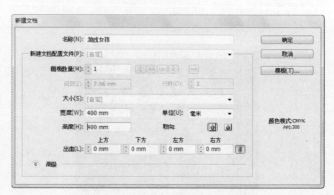

图 5–58

02

　　单击"矩形工具"，沿绘图页面的大小绘制一个矩形，完成后设置颜色（C = 87，M = 63，Y = 56，K = 52），如图 5–59 所示。完成后得到如图 5–60 所示的绘制背景。

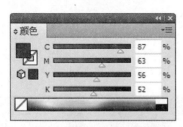

图 5-59

图 5-60

03

单击"钢笔工具",在绘图区绘制女角色的头发,如图 5-61 所示设置颜色。完成后的效果如图 5-62 所示。

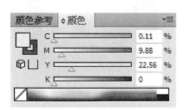

图 5-61

图 5-62

单易行的方法,可以对图稿的外观属性进行选择、隐藏、锁定和更改。

图层面板

执行"窗口"→"图层"命令打开"图层"面板("窗口"→"图层")来列出、组织和编辑文档中的对象。默认情况下,每个新建的文档都包含一个图层,而每个创建的对象都在该图层之下列出。也可以创建新的图层,并根据需求以最适合的方式对项目进行重排。

Illustrator 将为"图层"面板中的每个图层指定唯一的颜色(最多九种颜色)。此颜色将显示在面板中图层名称的旁边。所选对象的定界框、路径、锚点及中心点也会在插图窗口显示与此相同的颜色。可以使用此颜色在"图层"面板中快速定位对象的相应图层,并根据需要更改图层颜色。

当"图层"面板中的项目包含其他项目时,项目名称的左侧会出现一个三角形。单击此三角形可显示或隐藏内容。如果没有出现三角形,则表明项目中不包含任何其他项目。

更改"图层"面板的显示

(1)从"图层"中选择"面板选项"命令。

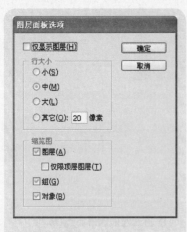

（2）选择"仅显示图层"选项可隐藏"图层"面板中的路径、组和元素集。

（3）在"行大小"中选择一个选项，以指定行高度。（用户也可以自定大小，选择"其它"选项后输入一个 12～100 之间的值。）

（4）在"缩略图"中，选择图层、组和对象的一种组合，确定其中哪些项要以缩略图形式显示。

提示：处理复杂文件时，在"图层"面板中显示缩略图可能会降低性能。关闭图层缩略图可以提高性能。

设置图层和子图层选项

（1）执行下列操作之一：

① 双击"图层"面板中的项目名称。

② 单击项目名称，并从"图层"面板菜单中选择"〈项目名称〉的选项"。

③ 从"图层"面板菜单中选择"新建图层"或"新建子图层"命令。

（2）指定下列的选项：

名称：指定项目在"图层"面板中显示的名称。

颜色：指定图层的颜色设置。可以从菜单中选择颜色，或双击颜色色板以选择颜色。

04

单击"钢笔工具"，绘制头发上的色块，并设置颜色（C＝0，M＝26，Y＝36，K＝0），效果如图 5-63、5-64 所示。

图 5-63　　　　　图 5-64

05

使用前面相同的方法，使用"钢笔工具"继续绘制头发上的大色块。注意在路径转折处尽量平滑，效果如图 5-65 所示。

图 5-65

06

完成后继续为头发加上细节，使之突出卡通的效果，如图 5-66 所示。

图 5-66

07

单击"钢笔工具",继续修饰头发,突出其立体感。效果如图 5-67、图 5-68 所示。

图 5-67   图 5-68

08

单击"钢笔工具",设置颜色为(C=0,M=6,Y=5,K=0),绘制脸部,效果如图 5-69 所示。

图 5-69

09

单击"钢笔工具",绘制额头的阴影,设置颜色为(C=13,M=30,Y=30,K=0),效果如图 5-70 所示。

图 5-70

模板:使图层成为模板图层。

锁定:禁止对项目进行更改。

显示:显示画板图层中包含的所有图稿。

打印:使图层中所含的图稿可供打印。

预略:以颜色而不是按轮廓来显示图层中包含的图稿。

变暗图像:将图层中所包含的链接图像和位图图像的强度降低到指定的百分比。

创建新图层

(1)在"图层"面板中单击要在其上(或其中)添加新图层的图层的名称。

(2)执行下列操作:

① 在选定的图层之上添加新图层,单击"图层"面板中的"创建新图层"按钮。

② 在选定的图层内创建新子图层,单击"图层"面板中的"创建新子图层"按钮。

将对象移动到另一个图层

(1)选择对象。

(2)执行下列操作之一:

① 单击"图层"面板中所需图层的名称。然后选择"对象"→"排列"→"发送至当前图层"。

② 将"图层"面板中位于图层右侧的选定图稿指示器拖动到所需图层。

通过选择对象或图层,并从"图层"面板菜单中选择"收集到新图层中",可将这些对象或图层移动到新建图层中。按住 Ctrl 键可选择不相邻的项目;按住 Shift 键可选择相邻的项目。

将项目释放到单独的图层

"释放到图层"命令可以将图

层中的所有项目重新分配到各图层中,并根据对象的堆叠顺序在每个图层中构建新的对象。此功能可用于准备 Web 动画文件。

(1) 在"图层"面板中单击图层或组的名称。

(2) 执行下列操作之一:

① 若要将每个项目都释放到新的图层,从"图层"面板菜单中选择"释放到图层(顺序)"。

② 将项目释放到图层并复制对象以创建累积顺序,从"图层"面板菜单中选择"释放到图层(累积)"。最底部的对象出现在每个新建的图层中,而最顶部的对象仅出现在最顶层的图层中。例如,假设图层 1 包含一个圆形(最底层对象)、一个方形以及一个三角形(最顶层对象)。这一命令会创建三个图层,一个包含圆形、方形和三角形;一个包含圆形、方形;一个只包含圆形。这一命令对创建和累积动画顺序非常有用。

锁定对象或图层

锁定对象可防止对象被选择和编辑。只需锁定父图层,即可快速锁定其包括的多个路径、组和子图层。

(1) 若要锁定对象,单击"图层"面板中与要锁定的对象或图层对应的编辑列按钮(位于眼睛图标的右侧)。用鼠标指针拖过多个编辑列按钮可一次锁定多个项目。或者可以选择要锁定的对象,然后选择"对象"→"锁定"→"所选对象"命令。

(2) 若要解锁对象,单击"图层"面板中与要解锁的对象或图层对应的锁图标。

10

单击"钢笔工具",设置颜色为($C = 1$,$M = 16$,$Y = 14$,$K = 0$),继续绘制额头的阴影,并把透明度设置为 60%,如图 5 - 71 所示。完成后效果如图 5 - 72 所示。

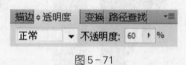

图 5 - 71

图 5 - 72

11

单击"钢笔工具",设置颜色为($C = 0$,$M = 27$,$Y = 16$,$K = 0$),绘制脸部侧面的阴影,并把透明度设置为 52%,效果如图 5 - 73 所示。然后设置颜色($C = 52$,$M = 52$,$Y = 65$,$K = 28$),绘制下巴,效果如图 5 - 74 所示。

图 5 - 73

图 5 - 74

12

单击"钢笔工具",设置颜色为($C = 0$,$M = 26$,$Y = 23$,$K = 0$),绘制眉骨。然后设置颜色为白色,绘制脸颊和鼻子的高光,效果如图 5 - 75 所示。

图 5 - 75

13

单击"钢笔工具",依次设置颜色为淡粉红色(C = 6,M = 8,Y = 15,K = 0)、淡灰色(C = 14,M = 15,Y = 23,K = 0)、灰色(C = 49,M = 43,Y = 53,K = 11),绘制鼻子,如图 5 - 76、图 5 - 77 所示。完成效果如图 5 - 78 所示。

图 5 - 76

图 5 - 77

图 5 - 78

14

单击"钢笔工具",设置颜色为(C = 52,M = 54,Y = 74,K = 36),为脸部描边;设置颜色为(C = 47,M = 65,Y = 82,K = 52),绘制眉毛;设置颜色为(C = 41,M = 45,

（3）若要锁定与所选对象所在区域有所重叠且位于同一图层中的所有对象,选择对象,然后选择"对象"→"锁定"→"上方所有图稿"。

（4）若要锁定除所选对象或组所在图层以外的所有图层,选择"对象"→"锁定"→"其他图层",或从"图层"面板菜单中选择"锁定其他图层"。

（5）若要锁定所有图层,在"图层"面板中选择所有图层,然后从面板菜单中选择"锁定所有图层"。

（6）若要解锁文档中的所有对象,选择"对象"→"解锁全部对象"。

（7）若要解锁组中的所有对象,选择组中一个已解锁的可见对象。按 Shift + Alt 键并选择"对象"→"解锁全部对象"。

使用命令更改堆叠顺序

执行下列任一操作:

（1）要将对象移到其组或图层中的顶层或底层位置,选择要移动的对象,并选择"对象"→"排列"→"置于顶层",或"对象"→"排列"→"置于底层"。

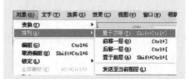

（2）要将对象按堆叠顺序向前移动一个位置或向后移动一个位置,选择要移动的对象,然后选择"对象"→"排列"→"前移一层",或"对象"→"排列"→"后移一层"。

复制对象

通过拖动来复制对象:

（1）选择一个或多个对象。

（2）选择"选择"、"直接选择"或"编组选择"工具。

（3）按 Alt 键并拖动所选对象（而非定界框上的手柄）。

使用图层面板复制对象

使用"图层"面板可快速复制对象、组和整个图层。

（1）在"图层"面板中选择要复制的项目。

（2）执行下列操作之一：

① 从"图层"面板菜单中选择"复制'图层名称'"。

② 在"图层"面板中将该项拖动到面板底部的"新建图层"按钮。

③ 开始将项目拖动到"图层"面板中的新位置，然后按住 Alt 键。当指针到达复制项目的目标位置时，释放鼠标按钮。如果在指针指向图层或组时释放鼠标按钮，复制项目便被添加到图层或组的最前端；如果在指针位于项目之间时释放鼠标按钮，复制项目便会被添加到指定的位置。

合并图层和组

合并图层的功能与拼合图层的功能类似，两者都可以将对象、组和子图层合并到同一图层或组中。使用合并功能，可以选择要合并哪些项目；使用拼合功能，则将图稿中的所有可见项目都合并到同一图层中。无论使用哪种功能，图稿的堆叠顺序都将保持不变，但其他的图层级属性（如剪切蒙版属性）将不会保留。

若要将项目合并到一个图层或组中，按 Ctrl 键（Windows），并单击要合并的图层或组名称。或者，可以按 Shift 键，选择要单击的图层或组名称之间的所有图层或组，

$Y = 51$，$K = 8$），绘制阴影。完成后效果如图 5 - 79 所示。

图 5 - 79

15

在绘图区分别设置颜色（$C = 2$，$M = 52$，$Y = 33$，$K = 0$），绘制上眼帘，如图 5 - 80 所示。然后设置颜色（$C = 0$，$M = 7$，$Y = 5$，$K = 0$），绘制眼睛的大致轮廓。完成后效果如图 5 - 81 所示。

图 5 - 80 　　　　图 5 - 81

16

设置颜色为（$C = 50$，$M = 68$，$Y = 73$，$K = 60$），设置透明度为 90％，绘制眼眶的轮廓。然后设置颜色为（$C = 57$，$M = 58$，$Y = 73$，$K = 50$），透明度为 70％，绘制眼珠的轮廓。完成后效果如图 5 - 82 所示。

图 5 - 82

17

设置颜色为(C = 54，M = 73，Y = 73，K = 76)，透明度为 78%；颜色为(C = 49，M = 82，Y = 72，K = 73)，透明度为 80%，绘制眼珠，完成后效果如图 5 - 83 所示。使用同样的方法绘制眼睛内部的其他阴影，效果如图 5 - 84 所示。

图 5 - 83　　　　　　图 5 - 84

18

设置颜色为(C = 47，M = 65，Y = 71，K = 44)，透明度为 90%，绘制睫毛，完成后效果如图 5 - 85 所示。

图 5 - 85

19

使用前面同样的方法，绘制另外一只眼睛，完成后效果如图 5 - 86 所示。

图 5 - 86

20

单击"钢笔工具"，设置颜色为(C = 0，M = 59，Y =

然后从"图层"面板菜单中选择"合并所选图层"。

提示：项目将会被合并到最后选定的图层或组中。

图层只能与"图层"面板中相同层级上的其他图层合并。同样，子图层只能与相同图层中位于同一层级上的其他子图层合并。对象无法与其他对象合并。

若要拼合图层，就单击要将图稿合并到的那个图层，然后从"图层"面板菜单中选择"拼合图稿"。

36，K＝0)，透明度 95％，绘制嘴唇底色，如图 5－87 所示。然后设置颜色为(C＝3，M＝63，Y＝42，K＝0)，透明度为 95％，绘制嘴唇轮廓。完成后效果如图 5－88 所示。

图 5－87   图 5－88

21

同样的方法绘制嘴唇的其他阴影，完成嘴唇的绘制，完成后的效果如图 5－89 所示。

图 5－89

22

单击"钢笔工具"，设置颜色为(C＝0，M＝7，Y＝4，K＝0)，绘制手臂，完成后的效果如图 5－90 所示。

图 5－90

23

设置颜色为肉色(C＝0，M＝23，Y＝14，K＝0)，透明度为75％;设置颜色为灰色(C＝41，M＝38，Y＝50，K＝4)，透明度为49％,绘制手臂的阴影,完成后的效果如图5-91所示。

图5-91

24

使用同样的方法继续绘制另外一只手,效果如图5-92所示。

图5-92

25

单击"钢笔工具",设置颜色为肉色(C＝0，M＝6，Y＝4，K＝0)、粉色(C＝0，M＝28，Y＝18，K＝0)，透明度为75％;灰色(C＝60，M＝58，Y＝67，K＝47)，透明度为50％,绘制脖子,完成后的效果如图5-93所示。

图 5 - 93

26

单击"钢笔工具",设置颜色为红色(C = 0,M = 67,Y = 33,K = 0),绘制肚兜底色,效果如图 5 - 94 所示。完成继续绘制肚兜的轮廓和阴影使之有立体感,如图 5 - 95 所示。完成后的效果如图 5 - 96 所示。

图 5 - 94

图 5 - 95

图 5 - 96

27

　　单击"钢笔工具",用绘制手臂同样的方式绘制人物的腰腹部,完成后效果如图 5 - 97 所示。

图 5 - 97

28

　　单击"钢笔工具",设置颜色为(C = 9,M = 44,Y = 18,K = 0),绘制裤子;设置颜色为(C = 49,M = 82,Y = 72,K = 73),绘制裤子的阴影,完成后效果如图 5 - 98 所示。

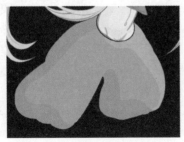

图 5 - 98

29

设置颜色为白色(C=2，M=14，Y=6，K=0)，透明度为56％；粉色(C=49，M=82，Y=72，K=73)，透明度为30％，绘制裤子的阴影，效果如图 5-99 所示。完成后再设置颜色为(C=61，M=62，Y=65，K=54)，画出裤子的褶皱，效果如图 5-100 所示。

图 5-99

图 5-100

30

使用绘制手臂的相同方法绘制双脚，完成后效果如图 5-101 所示。

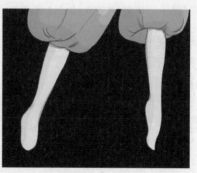

图 5-101

31

单击"钢笔工具",设置如图 5 - 102 所示的渐变颜色,绘制鞋子,效果如图 5 - 103 所示。

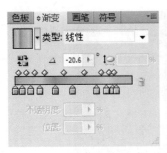

图 5 - 102   图 5 - 103

32

设置颜色为红色(C = 0,M = 56,Y = 29,K = 0),绘制鞋面,完成后效果如图 5 - 104 所示。设置描边为灰色(C = 55,M = 57,Y = 64,K = 36),对鞋子进行描边,完成后效果如图 5 - 105 所示。继续绘制鞋子上的装饰,完成后效果如图 5 - 106 所示。

图 5 - 104   图 5 - 105

图 5 - 106

33

　　使用相同的方式绘制另一只鞋子，完成后效果如图5-107所示。

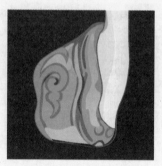

图 5 - 107

34

　　单击"钢笔工具"，设置颜色为（C = 59，M = 50，Y = 10，K = 0），绘制手环，如图 5 - 108 所示。然后继续绘制手环上的阴影和镶嵌物，使之更有立体感，完成后效果如图 5 - 109 所示。接着再绘制手环垂下的装饰，完成后的效果如图 5 - 110 所示。

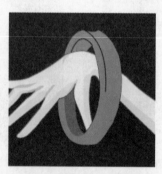

图 5 - 108

图 5 - 109

图 5 - 110

35

单击"椭圆工具",如图 5 - 111 所示设置渐变颜色,按住 Shift 画一个正圆,效果如图 5 - 112 所示。

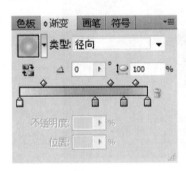

图 5 - 111

图 5 - 112

36

用以前学过的方法继续绘制铃铛,如图 5 - 113 所示。完成后的效果如图 5 - 114 所示。

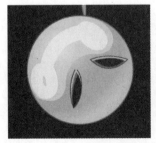

图 5 - 113

图 5 - 114

37

单击"钢笔工具",在人物头顶绘制犄角,完成后的效果如图 5 - 115 所示。至此,本实例制作完成,完成后的效果如图 5 - 116 所示。

图 5 - 115

图 5 - 116

本章小结

　　本章通过实例矢量的游戏角色插画绘制相关的基本知识、操作方法和使用步骤,对当中涉及一些知识点,如钢笔工具绘制直线段和曲线编辑路径、创建图层等,进行专门的提炼讲解。

课后练习

❶ 简要说明使用钢笔工具的技巧和方法。

❷ 绘制一个游戏场景。

6

平面海报设计与制作

本课学习时间：12 课时

学习目标：画笔工具和平面海报实例绘制

教学重点：混合对象、扭曲和变换

教学难点：可口可乐海报设计与制作

讲授内容：混合对象，扭曲和变换，创建

3D 对象，画笔工具，创建不透明蒙版

课程范例文件：\chapter6\可口可乐海报.ai，\chapter6\音乐海报.ai

本章课程总览

学习运用 Illustrator CS5 制作平面海报设计，掌握在 Illustrator 中混合对象、扭曲和变换、创建 3D 对象、使用画笔工具进行平面海报设计与制作的技巧。

案例一　制作可口可乐海报

案例二　制作音乐海报

6.1　可口可乐海报

知识点：混合对象、扭曲和变换、创建 3D 对象

01

　　运行 Adobe Illustrator CS5，执行"文件"→"新建"命令，创建一个尺寸为 210 mm×297 mm 的图形文件，如图 6－1所示。再单击"确定"按钮。

图 6－1

混合对象

　　可以通过混合对象来创建形状，并在两个对象之间平均分布形状。也可以在两个开放路径之间进行混合，在对象之间创建平滑的过渡；或组合颜色和对象的混合，在特定对象形状中创建颜色过渡。

　　在对象之间创建了混合之后，就会将混合对象作为一个对象看待。如果移动了其中一个原始对象，或编辑了原始对象的锚点，则混合将会随之变化。此外，原始对象之间混合的新对象不会具有其自身的锚点。可以扩展混合，以将混合分割为不同的对象。

创建混合

使用"混合工具"和"建立混合"命令来创建混合,这是两个或多个选定对象之间的一系列中间对象和颜色。

使用"混合工具"创建混合:

(1)选择混合工具。

(2)执行下列操作:

① 如果要不带旋转地按顺序混合,单击对象的任意位置,但要避开锚点。

② 如要混合对象上的特定锚点,使用"混合工具"单击锚点。当指针移近锚点时,指针形状会从白色的方块变为透明,且中心处有一个黑点。

③ 如果要混合开放路径,在每条路径上选择一个端点。

(3)待要混合的对象均添加完毕后,再次单击"混合工具"。

混合选项

可通过双击"混合工具"或选择"对象"→"混合"→"混合选项"命令来设置混合选项。若要更改现有混合的选项,应先选择混合对象。

(1)间距:确定要添加到混合的步骤数。

02

设置渐变颜色为紫色(C = 33,M = 100,Y = 84,K = 0.8)、紫色(C = 38,M = 99,Y = 90,K = 3)、深紫色(C = 53,M = 100,Y = 97,K = 41),效果如图6-2所示。单击"矩形工具",绘制一个与绘图页面的大小一致的矩形,效果如图6-3所示。

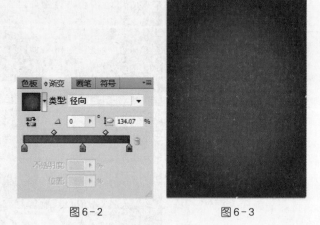

图6-2　　　　　　　　　图6-3

03

单击"钢笔工具",设置颜色为白色,在绘图区绘制可乐瓶子的图形,如图6-4所示。瓶子放在如图6-5所示的位置。

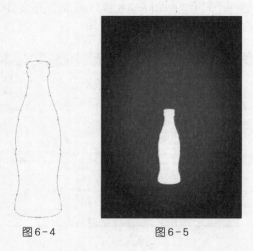

图6-4　　　　　　图6-5

04

打开本书素材文件"chapter6\可口可乐海报\LOGO.ai",如图6-6所示。将logo拖移至可乐瓶上,并调整到如图6-7所示的位置。

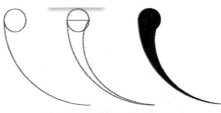

图6-6　　　　　　　　　　图6-7

05

使用"椭圆工具"绘制正圆,然后单击"钢笔工具",设置描边为黑色,"填色"为无,依次绘制水滴的图形,如图6-8所示。设置填充颜色为黄色(C=9,M=0,Y=85,K=0),并调整位置,完成的效果如图6-9所示。

图6-8

图6-9

① 平滑颜色:让Illustrator自动计算混合的步骤数。如果对象使用不同的颜色进行填色或描边,则计算出的步骤数将是为实现平滑颜色过渡而取的最佳步骤数。如果对象包含相同的颜色,或包含渐变或图案,则步骤数将根据两对象定界框边缘之间的最长距离计算得出。

② 指定的步骤:用来控制在混合开始与混合结束之间的步骤数。

③ 指定的距离:用来控制混合步骤之间的距离。指定的距离是指从一个对象边缘起到下一个对象相对应边缘之间的距离(例如,从一个对象的最右边到下一个对象的最右边)。

(2)取向:

① 对齐页面:使混合垂直于页面的x轴。

② 对齐路径:使混合垂直于路径。

使用效果改变对象形状

使用效果是一个方便的对象改变形状方法,而且它还不会永久改变对象的基本几何形状。效果是实时的,这就意味着可以随时修改或删除效果。可以使用下列效果来改变对象形状:

转换为形状:将矢量对象的形状转换为矩形、圆角矩形或椭圆。使用绝对尺寸或相对尺寸设置形状的尺寸。对于圆角矩形,可以指定一个圆角半径以确定圆角边缘的曲率。

扭曲和变换:可以快速改变矢量对象形状。

自由扭曲:可以通过拖动四个角落任意控制点的方式来改变矢量对象的形状。

收缩和膨胀:在将线段向内弯曲(收缩)时,向外拉出矢量对象的锚点;或在将线段向外弯曲(膨胀)时,向内拉入锚点。这两个选项都可相对于对象的中心点来拉出锚点。

粗糙化:可将矢量对象的路径段变形为各种大小的尖峰和凹谷的锯齿数组。使用绝对大小或相对大小设置路径段的最大长度。设置每英寸锯齿边缘的密度(细节),并在圆滑边缘(平滑)和尖锐边缘(尖锐)之间作出选择。

变换:通过重设大小、移动、旋转、镜像和复制的方法来改变对象形状。

扭拧:随机地向内或向外弯曲和扭曲路径段。使用绝对量或相对量设置垂直和水平扭曲。指定是否修改锚点、移动通向路径锚点的控制点("导入"控制点)、移动通向路径锚点的控制点("导出"控制点)。

扭转:旋转一个对象,中心的旋转程度比边缘的旋转程度大。输入一个正值将顺时针扭转;输入一个负值将逆时针扭转。

波纹效果:将对象的路径段变换为同样大小的尖峰和凹谷形成的锯齿和波形数组。使用绝对大小或相对大小设置尖峰与凹谷之间的长度。设置每个路径段的脊

06

单击"网格工具",如图 6－10 所示给水滴添加网格。完成后设置颜色为黄色(C＝34,M＝24,Y＝100,K＝1)和白色,并在相应的锚点上填上颜色,完成后效果如图 6－11 所示。

图 6－10

图 6－11

07

按住 Alt 键并拖动复制水滴图形,用"钢笔工具"调整复制的水滴的形状,完成后效果如图 6－12 所示。

图 6－12

08

使用同样的方法,继续绘制水滴形的图形,并设置颜色为蓝色(C = 41,M = 0,Y = 8,K = 0),效果如图 6 - 13 所示。

图 6 - 13

09

接着复制同样的 3 个水滴图形,颜色分别设置为白色、黄色(C = 8,M = 0,Y = 46,K = 0)、红色(C = 22,M = 83,Y = 0,K = 0),按如图 6 - 14 所示的效果排列。

图 6 - 14

10

框选所有的水滴图形,按快捷键 Ctrl + G 进行编组,再复制两组水滴图,按如图 6 - 15 所示的位置排列。

状数量,并在波形边缘(平滑)或锯齿边缘(尖锐)之间作出选择。

变形扭曲或变形对象,包括路径、文本、网格、混合以及位图图像。选择一种预定义的变形形状,然后选择混合选项所影响的轴,并指定要应用的混合及扭曲量。

将对象的角变为圆角

"圆角"效果会将矢量对象的角落控制点转换为平滑的曲线。

(1)在"图层"面板中,定位要变为圆角的项。如果要将某个对象的特定属性(如其填充或描边)变为圆角,在"图层"面板中定位此对象,然后在"外观"面板中选择该属性。

(2)选择"效果"→"风格化"→"圆角"命令。(此命令位于第一个"风格化"子菜单中。)

圆角

半径(R): 3.528 mr   确定

☑ 预览(P)   取消

(3)要定义圆滑曲线的曲率,在"半径"文本框中输入一个值,然后单击"确定"。

创建 3D 对象

3D 效果使可以从二维(2D)图稿创建三维(3D)对象。可以通过高光、阴影、旋转及其他属性来控制 3D 对象的外观。

还可以将图稿贴到 3D 对象中的每一个表面上。

有两种创建 3D 对象的方法：

（1）通过凸出或通过绕转。

（2）在三维空间中旋转 2D 或 3D 对象。要应用或修改现有 3D 对象的 3D 效果，选择该对象，然后在"外观"面板中双击该效果。

通过凸出创建 3D 对象

沿对象的 z 轴凸出拉伸一个 2D 对象，以增加对象的深度。例如，如果凸出一个 2D 椭圆，它就会变成一个圆柱。

（1）选择对象。

（2）选择"效果"→"3D"→"凸出和斜角"。

（3）单击"更多选项"以查看完整的选项列表，或单击"较少选项"以隐藏额外的选项。

（4）选择"预览"以在文档窗口中预览效果。

（5）指定选项：

位置：设置对象如何旋转以及观看对象的透视角度。

凸出与斜角：确定对象的深度以及向对象添加，或从对象剪切的任何斜角的延伸。

表面：创建各种形式的表面，从黯淡、不加底纹的不光滑表面到平滑、光亮，看起来类似塑料的表面。

图 6 - 15

11

单击"钢笔工具"，设置颜色为红色（C = 0，M = 88，Y = 46，K = 0），效果如图 6 - 16 所示。单击"网格工具"，设置颜色为（C = 0，M = 36，Y = 5，K = 0），如图 6 - 17 所示。使用同样的方法绘制心形元素，如图 6 - 18 所示。把绘制好的图形添加到画面中，完成后的效果如图 6 - 19 所示。

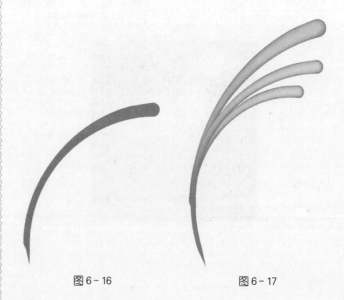

图 6 - 16   图 6 - 17

图 6 - 18

图 6 - 19

12

使用"螺旋线选项"打开"螺旋线"对话框,如图 6 - 20 所示设置参数,绘制好的螺旋线如图 6 - 21 所示。执行 "对象"→"路径"→"偏移路径"命令,打开"位移路径"对 话框如图 6 - 22 所示设置参数,调整螺旋线,完成效果如 图 6 - 23 所示。

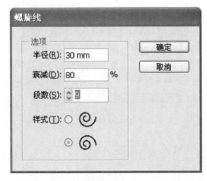

图 6 - 20

光照:添加一个或多个光源, 调整光源强度、改变对象的底纹颜 色,以及围绕对象移动光源以实现 生动的效果。

贴图:将图稿贴到 3D 对象表 面上。

(6) 单击"确定"按钮。

通过绕转创建 3D 对象

围绕全局 Y 轴(绕转轴)绕转 一条路径或剖面,使其作圆周运 动,通过这种方法来创建 3D 对象。 由于绕转轴是垂直固定的,因此用 于绕转的开放或闭合路径应为所 需 3D 对象面向正前方时垂直剖面 的一半;可以在效果的对话框中旋 转 3D 对象。

设置 3D 旋转位置选项

(1) 从"位置"菜单中选择一 个预设位置。

(2) 对于无限制旋转,请拖动 模拟立方体的表面。对象的前表 面用立方体的蓝色表面表现,对象 的上表面和下表面为浅灰色,两侧 为中灰色,后表面为深灰色。

(3) 若要限制对象沿一条全 局轴旋转,按住 Shift 键的同时水 平拖动(围绕全局 Y 轴)或垂直拖 动(围绕全局 X 旋转)。若要使对 象围绕全局 Z 轴旋转,拖动围住模 拟立方体的蓝色彩带。

(4) 限制对象围绕一条对象 轴旋转,请拖动模拟立方体的一个 边缘。指针将变为双向箭头,并且 立方体边缘将改变颜色以标识对象 旋转时所围绕的轴。红色边缘表示 对象的 X 轴,绿色边缘表示对象的 Y 轴,蓝色边缘表示对象的 Z 轴。

(5) 在水平(X)轴、垂直(Y)轴 和深度(Z)轴文本框中输入 - 180～ 180 之间的值。

（6）要调整透视角度，请在"透视"文本框中输入 0～160 之间的值。较小的镜头角度类似于长焦照相机镜头；较大的镜头角度类似于广角照相机镜头。

凸出与斜角选项

凸出深度：设置对象深度，请使用介于 0 到 2 000 之间的值。端点指定显示的对象是实心（打开端点）还是空心（关闭端点）对象。

斜角：沿对象的深度轴（Z 轴）应用所选类型的斜角边缘。

高度：设置介于 1～100 pt 的高度值。如果对象的斜角高度太大，则可能导致对象自身相交，产生意料之外的结果。

斜角外扩：将斜角添加至对象的原始形状。

斜角内缩：自对象的原始形状砍去斜角。

绕转选项

角度：设置 0°～360°之间的路径绕转度数。

端点：指定显示的对象是实心（打开端点）还是空心（关闭端点）对象。

位移：在绕转轴与路径之间添加距离，例如可以创建一个环状对象。可以输入一个介于 0 到 1 000 之间的值。

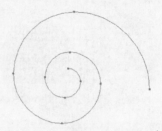

图 6 - 21

图 6 - 22

图 6 - 23

13

设置渐变颜色为紫色（C = 10，M = 56，Y = 0，K = 0）、蓝色（C = 61，M = 0，Y = 0，K = 0），如图 6 - 24 所示。完成效果如图 6 - 25 所示。复制螺旋线，调整螺旋线的大小和位置，完成效果如图 6 - 26 所示。

图 6 - 24

图 6 - 25

图 6 - 26

14

使用以前学过的方法，单击"椭圆工具"，设置颜色为黄色（C = 2，M = 36，Y = 85，K = 0）、黑色和白色，绘制不同的图形，完成的效果如图 6 - 27、6 - 28、6 - 29 所示。把绘制好的图形添加到画面中，完成效果如图 6 - 30 所示。

图 6 - 27

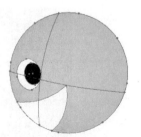

图 6 - 28

自：设置对象绕之转动的轴，可以是"左边缘"也可以是"右边缘"。

表面底纹选项

　　线框：绘制对象几何形状的轮廓，并使每个表面透明。

改变对象形状

　　无底纹：不向对象添加任何新的表面属性。3D 对象具有与原始 2D 对象相同的颜色。

　　扩散底纹：使对象以一种柔和、扩散的方式反射光。

　　塑料效果底纹：使对象以一种闪烁、光亮的材质模式反射光。

　　提示：可用的光照选项取决于所选择的选项。如果对象只使用 3D 旋转效果，则可用的"表面"选项只有"扩散底纹"或"无底纹"。

　　光源强度：控制光源强度，取值范围为 0% ～ 100%。

　　环境光：控制全局光照，统一改变所有对象的表面亮度。取值范围为 0% ～ 100%。

　　高光强度：用来控制对象反射光的多少，取值范围为 0% ～ 100%。较低值产生暗淡的表面，而较高值则产生较为光亮的表面。

　　高光大小：用来控制高光的大小，取值范围由大（100%）到小（0%）。

　　混合步骤：用来控制对象表面所表现出来的底纹的平滑程度。取值范围为 1 ～ 256。步骤数越高，所产生的底纹越平滑，路径也越多。

　　绘制隐藏表面：显示对象的隐藏背面。如果对象透明，或是展开对象并将其拉开时，便能看到对象的背面。

提示:如果对象具有透明度,并且要通过透明的前表面来显示隐藏的后表面,先将"对象"→"编组"命令应用于对象,然后再应用3D 效果。

保留专色("凸出和斜角"效果、"绕转"效果和"旋转"效果):让保留对象中的专色。如果在"底纹颜色"选项中选择了"自定",则无法保留专色。

光照选项

光源:定义光源的位置。将光源拖动至球体上的所需位置。

后移光源按钮:将选定光源移到对象后面。

前移光源按钮:将选定光源移到对象前面。

"新建光源"按钮:添加一个光源。默认情况下,新建光源出现在球体正前方的中心位置。

"删除光源"按钮:删除所选光源。

提示:默认情况下,"3D 效果"一个对象分配一个光源。可以添加和删除光源,但对象至少要留有一个光源。

光源强度:更改选定光源的强度,强度值为 0%～100%。

底纹颜色:控制对象的底纹颜色,取决于所选择的命令:

① 无:不为底纹添加任何颜色。

② 自定:允许选择一种自定颜色。如果选择了此选项,则单击"底纹颜色"框,在"颜色拾取器"中选择一种颜色。

专色变为印刷色

(1)黑色叠印:如果正在使用专色流程,则可使用此选项来避免印刷色。用在对象填充颜色的上

图 6-29

图 6-30

15

继续为画面添加元素。单击"椭圆工具",设置渐变颜色为紫色(C = 55,M = 96,Y = 13,K = 0),完成的效果如图 6-31 所示。

图 6-31

16

完成后复制一个椭圆，调整其位置和大小，如图 6－32 所示。单击"旋转工具"，将小圆的中心点向下放在大圆的中心，如图 6－33 所示。然后按住 Alt 键的同时向右拖动小圆，旋转的同时复制小圆，如图 6－34 所示。完成后用快捷键 Ctrl＋D 重复执行上一次的操作，并在圆上画上眼睛和嘴，效果如图 6－35 所示。把绘制好的图形添加到画面中，完成效果如图 6－36 所示。

方叠印黑色底纹的方法为对象加底纹。要查看阴影，选择"视图"→"叠印预览"命令。

（2）保留专色：让保留对象中的专色。如果在"底纹颜色"选项中选择"自定"，则无法保留专色。

在三维空间中旋转对象

（1）选择对象。

（2）选择"效果"→"3D"→"旋转"。

（3）选择"预览"以在文档窗口中预览效果。

（4）单击"更多选项"以查看完整的选项列表，或单击"较少选项"以隐藏额外的选项。

图 6－32

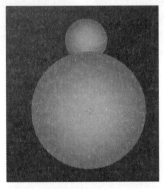

图 6－33

图 6－34

图 6 - 35

图 6 - 36

17

　　单击"椭圆工具"，用上面同样的方法设置渐变颜色并绘制气球，完成效果如图 6 - 37 所示。完成后复制图形，效果如图 6 - 38 所示。

图 6 - 37

图 6-38

18

单击"钢笔工具"分别绘制图形,设置颜色从深到浅的紫色,分别从下至上为(C = 85,M = 89,Y = 36,K = 3),(C = 81,M = 100,Y = 15,K = 0),(C = 76,M = 89,Y = 0,K = 0),(C = 68,M = 94,Y = 31,K = 0),(C = 61,M = 71,Y = 0,K = 0)。选中绘制好的图形并将其编组,完成效果如图 6-39 所示。

图 6-39

19

选中此图形,单击右键选择"变换→对称"命令,设置参数如图 6-40 所示。单击"复制"按钮,完成的效果如图 6-41 所示。完成后继续绘制中间的圆点,效果如图 6-42 所示。

图 6－40

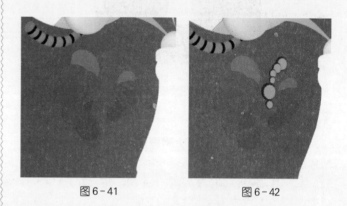

图 6－41 　　　　　　　 图 6－42

20

　　完成后，在画面上添加花朵符号元素，使画面更丰富。置入本书素材文件"chapter6\可口可乐海报\LOGO.ai"，根据海报背景色调整字体颜色为白色，并调整图形位置。至此本实例制作完成，效果如图 6－43 所示。

图 6－43

6.2 音乐海报

知识点：画笔工具、图案画笔、创建不透明蒙版

01

运行 Adobe Illustrator CS5，执行"文件"→"新建"命令创建一个尺寸为 210 mm×297 mm 的图形文件，设置"颜色模式"为 RGB，如图 6 - 44 所示。再单击"确定"按钮。

图 6 - 44

画笔。使用这些画笔可以达到下列效果：

书法画笔：创建的描边类似于使用书法钢笔带拐角的尖绘制的描边以及沿路径中心绘制的描边。在使用"斑点画笔工具"时，可以使用书法画笔进行上色并自动扩展画笔描边成填充形状，该填充形状与其他具有相同颜色的填充对象（交叉在一起或其堆栈顺序是相邻的）进行合并。

散布画笔：将一个对象（如一只瓢虫或一片树叶）的许多副本沿着路径分布。

艺术画笔：沿路径长度均匀拉伸画笔形状（如粗炭笔）或对象形状。

图案画笔：绘制一种图案，该图案由沿路径重复的各个拼贴组成。图案画笔最多可以包括五种拼贴，即图案的边线、内角、外角、起点和终点

画笔面板

执行"窗口"→"画笔"命令打开"画笔"面板，显示当前文件的画笔。无论何时从画笔库中选择画笔，都会自动将其添加到"画笔"面板中。创建并存储在"画笔"面板中的画笔仅与当前文件相关联，即每个 Illustrator 文件可以在其"画笔"面板中包含一组不同的画笔。

使用画笔库

执行"窗口"→"画笔库"→"库"命令，打开画笔库。画笔库是随 Illustrator 提供的一组预设画笔。可以打开多个画笔库以浏览其中的内容并选择画笔。也可以使用"画笔"面板菜单来打开画笔库。

02

设置"描边"为蓝色（R0，G171，B211），"填色"为无。然后单击"钢笔工具"，在绘图页面的右方绘制吉他的大致形状，调整锚点，完成后效果如图 6－45 所示。

图 6－45

03

取消图形的选择，然后设置"填色"为渐变色（R0，G150，B199），类型为线性，如图 6－46 所示。使用相同的方法，填充完成得到如图 6－47 所示的图形。继续为吉他添加阴影，效果如图 6－48 所示。

图 6－46

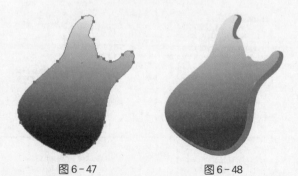

图 6－47　　　　　图 6－48

04

　　单击"钢笔工具"，继续绘制吉他的外轮廓，如图6－49所示。用上面同样的方法填充渐变颜色，效果如图6－50所示。使用"矩形工具"绘制琴颈，并且用"直接选择工具"调整锚点，如图6－51所示。为吉他添加细节，完成效果如图6－52所示。

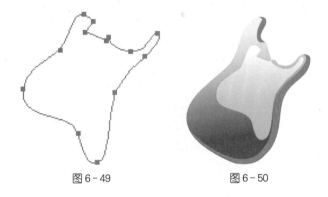

图 6 - 49　　　　　　　　图 6 - 50

图 6 - 51

图 6 - 52

创建新的画笔库

　　（1）将所需的画笔添加到"画笔"面板中，删除不需要的任何画笔。

　　（2）从"画笔"面板菜单中选择"存储画笔库"，然后将新的库文件放置到以下的一个文件夹中，以便该库文件在重新启动 Illustrator 时显示在"画笔库"菜单中：

　　①（Windows XP）Documents and Settings / User / Application Data / Adobe / Adobe Illustrator CS5 Settings / Brush

　　②（Windows Vista）User / AppData / Roaming / Adobe / Adobe Illustrator CS5 Settings / Brush

　　③（Mac OS）Library / Application Support / Adobe / Adobe Illustrator CS5 / Brush

　　提示：如果将该文件放在其他文件夹中，可通过选择"窗口"→"画笔库"→"其他库…"并选择库文件来打开该库。

应用画笔描边

　　将画笔描边应用于由任何绘图工具（包括"钢笔工具"、"铅笔工具"，或基本的形状工具）所创建的路径。

　　可以执行下面的操作：

　　（1）选择路径，然后从画笔库、"画笔"面板或"控制"面板中选择一种画笔。

　　（2）将画笔拖到路径上。如果所选的路径已经应用了画笔描边，则新画笔将取代旧画笔。

画笔工具选项

　　双击"画笔"工具以设定下列选项：

保真度：控制必须将鼠标或光笔移动多大距离，Illustrator 才会向路径添加新锚点。例如，保真度值为 2.5，表示小于 2.5 像素的工具移动将不生成锚点。保真度的范围为 0.5～20 像素。值越大，路径越平滑，复杂程度越小。

平滑度：控制使用工具时 Illustrator 应用的平滑量。平滑度范围从 0% 到 100%；百分比越高，路径越平滑。

填充新画笔：描边将填色应用于路径。该选项在绘制封闭路径时最有用。

保持选定：确定在绘制路径之后是否让 Illustrator 保持路径的选中状态。

编辑所选路径：确定是否可以使用"画笔"工具更改现有路径。

将画笔描边转换为轮廓

可以将画笔描边转换为轮廓路径，以编辑用画笔绘制的路径上的各个部分。

（1）选择一条用画笔绘制的路径。

（2）选择"对象"→"扩展外观"命令，Illustrator 会将扩展路径中的组件置入一个组中，组内有一条路径和一个包含画笔描边轮廓的子组。

书法画笔选项

角度：决定画笔旋转的角度。拖移预览区中的箭头，或在"角度"框中输入一个值。

05

使用"钢笔工具"用相同的方法绘制吉他的琴颈部分的阴影，使吉他的基本的轮廓更加突出。注意要按吉他的结构绘制形状，效果如图 6‑53 所示。

图 6‑53

06

绘制琴头的外部轮廓，如图 6‑54 所示。填充渐变颜色，设置"填色"为线性渐变，渐变色标依次为浅蓝（R209，G234，B240）、蓝（R39，G161，B192）、深蓝（R19，G78，B149），如图 6‑55 所示。然后放置到如图 6‑56 所示的位置。

图 6‑54

图 6‑55

图 6 - 56

07

设置"填色"为白色，绘制吉他上面的亮部元素细节，如图 6 - 57 所示。设置"填色"为黑色，继续绘制吉他的暗部元素，然后放置到如图 6 - 58 所示的位置。

图 6 - 57

图 6 - 58

圆度：决定画笔的圆度。将预览中的黑点朝向或背离中心方向拖移，或者在"圆度"框中输入一个值。该值越大，圆度就越大。

直径：决定画笔的直径。使用"直径"滑块，或在"直径"框中输入一个值。

通过每个选项右侧的弹出列表来控制画笔形状的变化。选择以下选项之一：

（1）固定：创建具有固定角度、圆度或直径的画笔。

（2）随机：创建角度、圆度或直径含有随机变量的画笔。在"变量"框中输入一个值，指定画笔特征的变化范围。例如，当"直径"值为 15 pt，"变量"值为 5 pt 时，直径可以是 10 pt 或 20 pt，或是其间的任意数值。

（3）压力：根据绘图光笔的压力，创建不同角度、圆度或直径的画笔。此选项与"直径"选项一起使用时非常有用。仅当有图形输入板时，才能使用该选项。在"变量"框中输入一个值，指定画笔特性将在原始值的基础上有多大变化。例如，当"圆度"值为 75% 而"变量"值为 25% 时，最细的描边为 50%，而最粗的描边为 100%。压力越小，画笔描边越尖锐。

（4）光笔轮：根据光笔轮的操纵情况，创建具有不同直径的画笔。只有在钢笔喷枪的笔管中具有光笔轮且能够检测到该钢笔的图形输入板时，该选项才可使用。

（5）倾斜：根据绘图光笔的倾斜角度，创建不同角度、圆度或直径的画笔。此选项与"圆度"一起使用时非常有用。仅当具有可以检测钢笔垂直程度的图形输入板时，此选项才可用。

（6）方位：根据钢笔的受力情况，创建不同角度、圆度或直径的画笔。此选项对于控制书法画笔的角度（特别是在使用像画刷一样的画笔时）非常有用。仅当具有可以检测钢笔倾斜方向的图形输入板时，此选项才可用。

（7）旋转：根据绘图光笔尖的旋转角度，创建不同角度、圆度或直径的画笔。此选项对于控制书法画笔的角度（特别是在使用像平头画笔一样的画笔时）非常有用。仅当具有可以检测这种旋转类型的图形输入板时，才能使用此选项。

艺术画笔选项

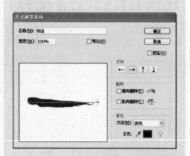

宽度：相对于原宽度调整图稿的宽度。

方向：决定图稿相对于线条的方向。单击箭头以设置方向：将描边端点放在图稿左侧；将描边端点放在图稿右侧；将描边端点放在图稿顶部；将描边端点放在图稿底部。

横向：翻转或纵向翻转改变图稿相对于线条的方向。

08

设置"填色"为黑色，使用"直线线段工具"绘制吉他的琴弦，设置"描边"为 1.364 pt，绘制的角度方向如图6-59 所示。注意调整好各直线的位置，完成的效果如图 6-60 所示。

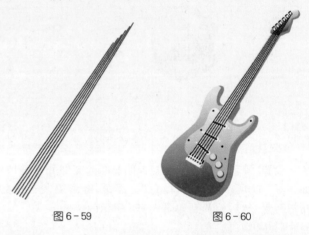

图 6-59　　　　　　图 6-60

09

设置"填色"为绿色（R123，G190，B68），描边为黑色。按图 6-61 所示的参数绘制圆，完成效果如图 6-62所示。然后继续绘制圆，设置填色为白色，宽度、高度均为 18.58 mm，如图 6-63 所示。然后在"对齐"面板中设置"水平居中对齐"和"垂直居中对齐"，如图 6-64 所示，将两个椭圆对齐。选择两个椭圆，如图 6-65 所示执行"减去顶层"命令，完成效果如图 6-66 所示。

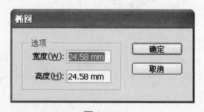

图 6-61

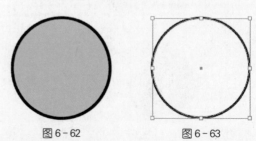

图 6-62　　　　　　图 6-63

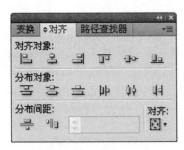

图 6-64

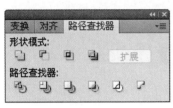

图 6-65

图 6-66

10

在圆环中间绘制椭圆,完成效果如图 6-67 所示。按快捷键 Ctrl + G 将图形编组,并复制椭圆,完成效果如图 6-68 所示。

图 6-67

图 6-68

图案画笔选项

缩放:相对于原始大小调整拼贴大小。

间距:调整拼贴之间的间距。

拼贴:按钮使可以将不同的图案应用于路径的不同部分。对于要定义的拼贴,请单击拼贴按钮,并从滚动列表中选择一个图案色板。重复此操作,以根据需要把图案色板应用于其他拼贴。

透明度和混合模式
透明度

可以通过下列任意操作在图稿中添加透明度:

(1)降低对象的不透明度,以使底层的图稿变得可见。

(2)使用不透明蒙版来创建不同的透明度。

(3)使用混合模式来更改重叠对象之间颜色的相互影响方式。

(4)应用包含透明度的渐变和网格。

(5)应用包含透明度的效果或图形样式,例如投影。

透明度面板

执行"窗口"→"透明度"命令打开"透明度"面板来指定对象的不透明度和混合模式,创建不透明蒙版,或者使用透明对象的上层部分来挖空某个对象的一部分。

在透明度面板中显示所有选项

从面板菜单中选择"显示选项"。在透明度面板中显示选定对象的缩览图。

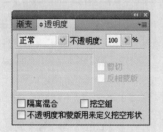

从面板菜单中选择"显示缩览图"。或单击面板选项卡上的双三角形,对显示大小进行循环切换。

在图稿中查看透明度

了解是否正在使用透明度是非常重要的,因为要打印及存储透明图稿,必须另外设置一些选项。要在图稿中查看透明度,请显示背景网格以确定图稿的透明区域。

(1)选择"视图"→"显示透明度网格"。

(2)(可选)选择"文件"→"文档设置",并设置透明度网格选项。

注:也可以更改画板颜色以模拟图稿在彩色纸上的打印效果。

更改图稿不透明度

可以改变单个对象的不透明度,一个组或图层中所有对象的不透明度,或一个对象的填色或描边的不透明度。

(1)选择一个对象或组(或在"图层"面板中定位一个图层)。如

11

完成后置入本书素材文件"chapter6\音乐海报\墨水效果.ai"、"chapter6\音乐海报\翅膀.ai",使背景画面更加丰富完整。调整吉他的位置和各图案的顺序,完成的效果如图6-69、6-70所示。

图6-69

图6-70

12

对置入的翅膀素材编组执行"效果"→"模糊"→"径向模糊"命令,在弹出的"径向模糊"对话框中设置"数量"为16,"模糊方式"为"缩放",如图6-71所示。单击"确定"按钮,完成效果如图6-72所示。

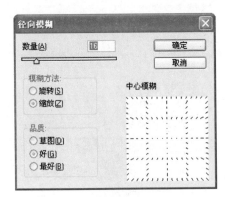

图 6-71

图 6-72

13

绘制比绘图区略小的矩形做为背景，设置"填色"为灰色（R154，G158，B158），"描边"为 1 pt，选择"艺术画笔"选项，如图 6-73 所示。把做好的图形放置在背景上面，完成的效果如图 6-74 所示。

图 6-73

如果要更改填充或描边的不透明度，先选择该对象，然后在"外观"面板中选择"填充"或"描边"。

（2）在"透明度"面板或"控制"面板中设置"不透明度"选项。

创建透明度挖空组

在透明挖空组中，元素不能透过彼此而显示。

取消选择"挖空组"选项后的组（左）与选择"挖空组"选项后的组（右）。

（1）在"图层"面板中，定位要变为挖空组的组或图层。

（2）在"透明度"面板中，选择"挖空组"。如果未显示该选项，请从面板菜单中选择"显示选项"。

选择"挖空组"选项时，将循环切换以下三种状态：打开（选中标记）、关闭（无标记）和中性（带有贯穿直线的方块）。当要编组图稿，又不想与涉及的图层或组所决定的挖空行为产生冲突时，使用"中性"选项；当想确保透明对象的图层或组彼此不会挖空时，使用"关闭"选项。

创建不透明蒙版

（1）选择一个对象或组，或者在"图层"面板中定位一个图层。

（2）打开"透明度"面板，必要时可从面板菜单中选择"显示选项"以查看缩览图图像。

（3）紧靠"透明度"面板中缩览图右侧双击鼠标按键，将创建一个空蒙版并自动进入蒙版编辑模式。

（4）使用"绘图工具"来绘制蒙版形状。

（5）单击"透明度"面板中被蒙版的图稿缩览图（左缩览图）以退出蒙版编辑模式。

提示:"剪切"选项会将蒙版背景设置为黑色。因此,用来创建不透明蒙版。

图 6-74

14

设置"填色"为黄色(R255,G241,B0),单击"文字工具",在"字符"面板中如图 6-75 所示设置各项参数。然后在画面中输入文字,效果如图 6-76 所示。继续输入文字,完成后使用"选择工具"选中编辑框将文字对齐,效果如图 6-77 所示。

图 6-75

西班牙吉他之夜

图 6-76

图 6-77

15

完成后置入本书素材文件"chapter6\音乐海报\logo.ai",如图 6-78 所示,使画面更加丰富、完整。完成的效果如图6-79所示。

图 6-78

图 6-79

16

使用"星形工具"绘制星星,如图 6-80 所示。在"符号面板"中选择"新建符号",在"符号选项"面板中按图6-81所示进行设置。添加好的符号面板如图 6-82 所

示。使用"符号喷枪工具"为背景添加星星，完成后效果
如图 6－83。

图 6－80

图 6－81

图 6－82

图 6－83

17

用以前学过的方法制作音符，如图 6 - 84 所示。然后将星星后移几层透出翅膀和吉他，完成效果如图 6 - 85 所示。至此本实例制作完成。

图 6 - 84

图 6 - 85

Illustrator

平面图形设计项目制作教程

本章小结

　　本章通过实例讲解平面海报制作的方法，对当中涉及的知识点，如混合对象、扭曲和变换、创建 3D 对象等进行专门的提炼讲解。

课后练习

❶ Illustrator 中有哪四种画笔?

❷ 设计一张上海艺术节的海报。

产品包装设计与制作

本课学习时间：12 课时

学习目标：Illustrator CS5 基础知识，变换对象、剪切对象，包装设计与制作

教学重点：包装设计与制作，线条绘画

教学难点：包装设计与制作

讲授内容：变换对象，剪切，蒙版剪切，分割对象，路径查找器

课程范例文件：\chapter7\水彩笔包装盒.ai，\chapter7\喜糖包装.ai

和学习掌握 Illustrator CS5 中的剪切蒙版、变换对象、倾斜对象、封套、路径查找器、剪切和分割对象等知识点，运用这些知识点进行产品包装设计与制作。

本章课程总览

案例一　水彩笔包装盒

案例二　喜糖包装

7.1 水彩笔包装盒

知识点：关于剪切蒙版、创建剪切蒙版

知识点提示

剪切蒙版

　　剪切蒙版是一个可以用其形状遮盖其他图稿的对象，因此使用剪切蒙版，只能看到蒙版形状内的区域。可以将图稿裁剪为蒙版的形状。剪切蒙版和被蒙版的对象统称为剪切组合，并在"图层"面板中用虚线标出。可以通过选择的两个或多个对象或者一个组或图层中的所有对象来建立剪切组合。

01

　　运行 Adobe Illustrator CS5，执行"文件"→"新建"命令，创建一个尺寸为 500 mm×350 mm 的图形文件。设置"颜色模式"为 CMYK。如图 7-1 所示。再单击"确定"按钮。

图 7-1

02

置入本书素材文件的"chapter7\包装盒展开结构图.ai",如图7-2所示。

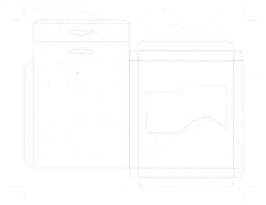

图7-2

03

绘制包装盒的底色。单击"矩形工具",设置"填色"为红色（C0、M100、Y60、K0），"描边"为无，绘制一个矩形，完成后效果如图7-3所示。

图7-3

04

绘制包装盒的背面底色。单击"矩形工具"，设置"填色"为紫色（C25、M35、Y0、K0），"描边"为无，绘制一个矩形。使用"添加锚点工具"在右下角添加锚点。使用

提示：只有矢量对象可以作为剪切蒙版；不过，任何图稿都可以被蒙版。

创建剪切蒙版

蒙版对象将被移到"图层"面板中的剪切蒙版组内（前提是它们尚未处于此位置）。

如果使用图层或组来创建剪切蒙版，则图层或组中的第一个对象将会遮盖图层或组的子集的所有内容。

不管对象先前的属性如何，剪切蒙版会变成一个不带填色也不带描边的对象。

使用剪切蒙版隐藏对象的某些部分创建要用作蒙版的对象。此对象被称为剪贴路径。只有矢量对象可以作为剪贴路径。

在堆栈顺序中，将剪贴路径移至想要遮盖的对象的上方。

选择剪贴路径以及想要遮盖的对象。

选择"对象"→"剪切蒙版"→"建立"。

为组或图层创建剪切蒙版

将剪贴路径以及要遮盖的对象移入图层或组。

在"图层"面板中，确保蒙版对象位于组或图层的上方，然后单击图层或组的名称。

单击位于"图层"面板底部的"建立/释放剪切蒙版"按钮，或者

从"图层"面板菜单中选择"建立剪切蒙版"。

编辑剪切蒙版

在"图层"面板中，选择剪切路径。可以使用"直接选择"工具拖动对象的中心参考点，以此方式移动剪贴路径。可以使用"直接选择"工具改变剪贴路径形状。

对剪贴路径应用填色或描边

选择文档中的所有剪贴路径，取消选择所有图稿。然后选择"选择"→"对象"→"剪切蒙版"。

从剪切蒙版中释放对象

选择包含剪切蒙版的组，然后选择"对象"→"剪切蒙版"→"释放"。

在"图层"面板中，单击包含剪切蒙版的组或图层的名称。单击面板底部的"建立/释放剪切蒙版"按钮，或者从面板菜单中选择"释放剪切蒙版"。

由于为剪切蒙版指定的填充或描边值都为"无"，因此它是不可见的，除非选择剪切蒙版或为其指定新的上色属性。

自定键盘快捷键

在 Illustrator 中，可以查看所有快捷键的列表，还可以编辑或创建快捷键。键盘快捷键对话框作为快捷键编辑器，包括所有支持快捷键的命令，其中一些未在默认快捷键集中提到。

定义自己的快捷键集，更改快捷键集中的个别快捷键以及在快捷键集之间切换。例如，从"窗口"→"工作区"菜单中选择的不同工作区创建单独的组。

"直接选择工具"调整锚点位置，完成后效果如图 7-4 所示。

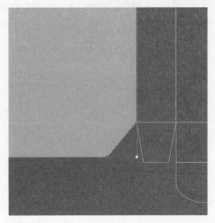

图 7-4

05

绘制包装的底图效果。单击"椭圆工具"，设置"填色"为红色（C0，M100，Y60，K0）、"描边"为无，绘制一个圆形，如图 7-5 所示。执行"效果"→"风格化"→"投影"命令，打开"投影"对话框，设置如图 7-6 所示的参数。完成效果如图 7-7 所示。

图 7-5

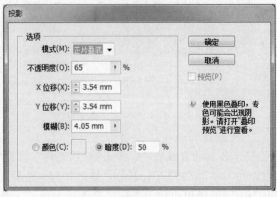

图 7-6

图7-7

06

　　使用"椭圆工具",绘制一个椭圆。选中椭圆,分别执行"编辑"→"复制"、"编辑"→"贴在前面"命令,使用"缩放工具"改变椭圆的大小,完成效果如图7-8所示。

图7-8

07

　　用同样的方法制作其他椭圆,如图7-9所示摆放这些椭圆。

图7-9

　　除了使用键盘快捷键外,还可以使用上下文相关菜单来访问很多命令。上下文相关菜单显示与现用工具、所选对象或面板相关的命令。要显示上下文相关菜单,在文档窗口或面板中右键单击。

　　选择"编辑"→"键盘快捷键"。从"键盘快捷键"对话框顶部的"键集"菜单中选择一组快捷键。

　　从快捷键显示区上方的菜单中选择一种快捷键类型("菜单命令"或"工具")。

　　可以执行下面的操作:

　　(1)激活该快捷键集,单击"确定"按钮。

　　(2)更改快捷键,单击滚动列表中的"快捷键"列,输入一个新的快捷键。如果输入的快捷键已指定给另一个命令或工具,对话框底部会显示一个警告信息。此时,可以单击"还原"以还原更改;或单击"转到"以转到其他命令或工具并指定一个新的快捷键。在"符号"列,输入要显示在命令或工具的菜单或工具提示中的符号。可以使用"快捷键"列中允许输入的任何字符。

　　(3)存储当前快捷键集中的更改,单击"确定"按钮。

　　提示:名称是"Illustrator Defaults"的集,无法存储其更改。

　　要存储一个新的快捷键集,单击"存储"按钮。输入新集的名称,然后单击"确定"按钮。新的键集将以新名称出现在弹出式菜单中。

（4）删除快捷键集，单击"删除"按钮。

（5）将显示的快捷键集导出到文本文件，单击"导出文本"按钮。在"将键集文件存储为"对话框中，输入正在存储的当前键集的文件名，然后单击"存储"按钮。可以使用该文本文件打印出一份键盘快捷键的副本。

08

单击"椭圆工具"，设置"填色"为紫色（C25，M35，Y0，K0），"描边"为无，绘制一个紫色圆形，如图 7 - 10 所示。选择"效果"→"风格化"→"投影"命令，完成后的效果如图 7 - 11 所示。

图 7 - 10

图 7 - 11

09

置入本书素材文件 Chapter7\logo. png，放置在如图 7 - 12 所示的位置。

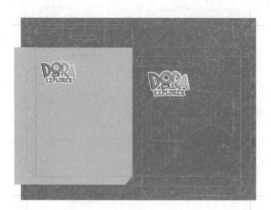

图 7 - 12

10

单击"文字工具",输入如图 7 - 13 所示的文字。置入本书素材文件"chapter7\水彩笔包装盒\条形码.jpg",为包装盒添加条形码。

HUNTER LEISURE PTY LTD
94 KEILOR PARK DRIVE
TULLAMARINE VIC 3043
www.hunterleisure.com.au

图 7 - 13

条形码摆设位置在包装盒底部完成后的效果如图 7 - 14 所示。

图 7 - 14

11

执行"文件"→"置入"命令，置入本书素材文件"chapter7\水彩笔包装盒\DORA.ai"、"DORA01.ai"，如图 7 - 15、图 7 - 16 所示。将 DORA 图形分别放在如图 7 - 17 所示的位置。

图 7 - 15   图 7 - 16

图 7 - 17

12

接下来制作包装盒上的剪切路径。使用"钢笔工具"

绘制盒子的基本轮廓,设置"填色"为无、"描边"为无,如图 7-18 所示。将路径的图层名称改为"复合路径",如图 7-19 所示。

图 7-18

图 7-19

13

　　使用"选择工具"框选所有的图形与"复合路径",然后执行"对象"→"剪切蒙版"→"建立"命令,完成蒙版的制作,至此实例制作完成。完成的效果如图 7-20 所示。

图 7-20

7.2　喜糖包装

知识点：变换对象、倾斜对象、封套、路径查找器、剪切和分割对象

知 识 点 提 示

变换对象

　　变换包括就对象进行移动、旋转、镜像、缩放和倾斜。可以使用"变换"面板、"对象"→"变换"命令以及专用工具来变换对象。还可通过拖动选区的定界框来完成多种变换类型。

　　某些情况下，可能要对同一变换操作重复数次，在复制对象时尤其如此。利用"对象"菜单中的"再次变换"命令，可以根据需要重复执行移动、缩放、旋转、镜像或倾斜操作，直至执行下一变换操作。

变换面板

　　执行"窗口"→"变换"命令打开"变换"面板，显示有关一个或多个选定对象的位置、大小和方向的信息。通过键入新值，可以修改选

01

　　运行 Adobe Illustrator CS5，执行"文件"→"新建"命令，创建一个尺寸为 384×234 mm 的图形文件，设置"颜色模式"为 RGB，效果如图 7‐21 所示。再单击"确定"按钮。

图 7‐21

02

分别在 133 mm、198 mm、316 mm、381 mm 的位置创建垂直参考线，然后分别在 235 mm、217 mm、190 mm、149 mm、50 mm 的位置创建水平参考线。效果如图 7 - 22 所示。

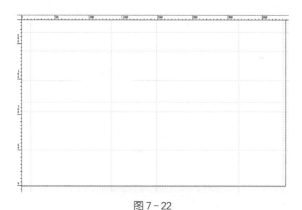

图 7 - 22

03

单击工具箱中的"圆角矩形工具"，设置"填色"为无，"描边"为黑色，描边值为 0.5。在"圆角矩形"对话框中设置其宽度、高度、圆角半径各值，如图 7 - 23 所示。绘制好的矩形如图 7 - 24 所示。

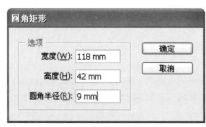

图 7 - 23

图 7 - 24

定对象或其图案填充。还可以更改变换参考点，以及锁定对象比例。

除 X 和 Y 值以外，面板中的所有值都是指对象的定界框，而 X 和 Y 值指的是选定的参考点。

变换对象图案

在对已填充图案的对象进行移动、旋转、镜像、缩放或倾斜时，可以仅变换对象、仅变换图案，也可以同时变换对象和图案。

一旦变换了对象的填充图案，随后应用于该对象的所有图案都会以相同的方式进行变换。

（1）如果要指定在使用"变换"面板时如何变换图案，可以从面板菜单中选择其中一个选项："仅变换对象"、"仅变换图案"或"变换两者"。

（2）若要指定在使用"变换"命令时应用的图案变换方式，在相应的对话框中设置"对象"和"图案"选项。例如，若要只变换图案而不变换对象，则可以选择"图案"，并取消选择"对象"。

（3）如果在使用变换工具时只变换图案而不变换对象，在拖动鼠标的同时按住～键。对象的定界框显示为变换的形状；但释放鼠标按钮时，定界框又恢复为原样，只留下变换的图案。

（4）防止在使用变换工具时变换图案，选择"编辑"→"首选项"→"常规"，然后取消选择"变换图案拼贴"。

Http://www. Illustrator 平面图形设计项目制作教程. com

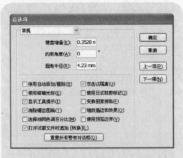

（5）要将对象的填充图案恢复为原始状态，用实色填充对象，然后重新选择所需的图案。

倾斜对象

倾斜操作可沿水平或垂直轴，或相对于特定轴的特定角度，来倾斜或偏移对象。对象相对于参考点倾斜，而参考点又会因所选的倾斜方法而不同。

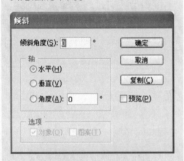

使用倾斜工具倾斜对象：

（1）选择一个或多个对象。

（2）选择"倾斜工具"。

（3）执行下列操作之一：

① 若要相对于对象中心倾斜，拖动文档窗口中的任意位置。

② 相对于不同参考点进行倾斜，单击文档窗口中的任意位置以移动参考点，将指针朝向远离参考点的方向移动，然后将对象拖移至所需倾斜度。

③ 若要沿对象的垂直轴倾斜对象，在文档窗口中的任意位置向上或向下拖动。若要限制对象保持其原始宽度，按住 Shift 键。

04

单击工具箱中的"矩形工具"按钮，沿着参考线绘制一个方块，如图 7 - 25 所示。然后使用"路径查找器"中的形状模式中的"减去顶层"按钮，如图 7 - 26 所示。完成的效果如图 7 - 27 所示。

图 7 - 25

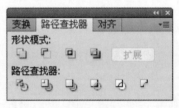

图 7 - 26

图 7 - 27

05

继续绘制展开包装的外部轮廓。使用"矩形工具"绘制矩形，在"矩形"对话中如图 7 - 28 所示设置参数。画好的矩形如图 7 - 29 所示。继续使用"矩形工具"沿参考线绘制包装的外部结构，完成的效果如图 7 - 30 所示。

矩形

选项
宽度(W)：118 mm
高度(H)：26 mm

确定
取消

图 7 - 28

Ai 174
Illustrator

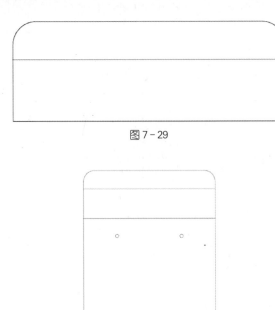

图 7 - 29

图 7 - 30

06

使用如上的相同方法，沿着参考线绘制包装盒的其他结构，如图 7 - 31 所示。绘制好的包装盒结构如图 7 - 32所示。

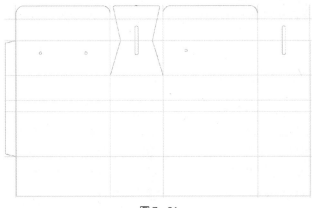

图 7 - 31

④ 若要沿对象的水平轴倾斜对象，在文档窗口中的任意位置向左或向右拖动。若要限制对象保持其原始高度，按住 Shift 键。

扭曲对象

可通过使用"自由变换工具"或"液化工具"来扭曲对象。如果要任意进行扭曲，使用"自由变换工具"；如果要利用特定的预设扭曲（如旋转扭曲、收缩或皱褶），使用"液化工具"。

使用"自由变换工具"扭曲对象

（1）选择一个或多个对象。

（2）选择自由变换工具。

（3）开始拖动定界框上的角手柄（不是侧手柄），然后执行下列操作之一：

① 按住 Ctrl，直至所选对象达到所需的扭曲程度。

② 按住 Shift + Alt + Ctrl 以按透视扭曲。

提示：使用"液化工具扭曲"对象不能将"液化工具"用于链接文件或包含文本、图形或符号的对象。

（1）选择一个"液化工具"，然后单击或拖动要扭曲的对象。

（2）（可选）要将扭曲限定为特定对象，在使用该工具之前选择这些对象。

（3）（可选）要更改工具光标的大小并设置其他工具选项，双击"液化工具"，然后指定以下任何选项：

宽度和高度：控制工具光标的大小。

角度：控制工具光标的方向。

强度：指定扭曲的改变速度。值越高改变速度越快。使用压感笔时不可用"强度"值，而是使用来自写字板或书写笔的输入值。如果没有附带的压感写字板，此选项将为灰色。

复杂性：（扇贝、晶格化和皱褶工具）指定对象轮廓上特殊画笔结果之间的间距。该值与"细节"值有密切的关系。

细节：指定引入对象轮廓的各点间的间距（值越高，间距越小）。

简化（变形、旋转扭曲、收缩和膨胀工具）：指定减少多余点的数量，而不致影响形状的整体外观。

旋转扭曲速率（仅适用于旋转扭曲工具）：指定应用于旋转扭曲的速率。此值为 –180°～180°。负值会顺时针旋转扭曲对象；而正值则逆时针旋转扭曲对象。输入的值越接近 –180°或 180°时，对象旋转扭曲的速度越快。若要慢慢旋转扭曲，将速率指定为接近于 0°的值。

水平和垂直（仅适用于皱褶工具）：指定到所放置控制点之间的距离。画笔影响锚点、画笔影响内切线手柄或画笔影响外切线手柄（扇贝、晶格化、皱褶工具）。启用工具画笔可以更改这些属性。

封套

封套是对选定对象进行扭曲和改变形状的对象。可以利用画板上的对象来制作封套，或使用预设的变形形状或网络作为封套。除图表、参考线或链接对象以外，可以在任何对象上使用封套。

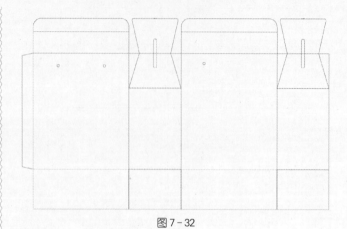

图 7 - 32

07

在工具箱中设置"填色"为（R182，G49，B15），"描边"为无，使用"矩形工具"绘制与绘图页面大小一致的矩形。执行"创对象"→"排列"→"后移一层"命令，包装展开效果如图 7 - 33 所示。

图 7 - 33

08

接下来绘制包装盒上面的新娘图形。单击工具箱中的"椭圆工具"，如图 7 - 34 所示设置渐变色标，依次为红色（R232，G53，B29）、红色（R231，G45，B27）和深红色（R182，G19，B45）。设置"描边"为（R157，G9，B36），在画板中绘制椭圆，如图 7 - 35 所示。

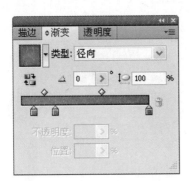

图 7 - 34

图 7 - 35

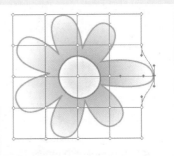

使用封套扭曲对象

　　（1）选择一个或多个对象。

　　（2）使用下列方法之一创建封套：

　　① 如果要使用封套的预设变形状，选择"对象"→"封套扭曲"→"用变形建立"。在"变形选项"对话框中，选择一种变形样式并设置选项。

09

　　对圆进行复制，并且调整图形的先后顺序，做好的凤冠形状如图 7 - 36 所示。

图 7 - 36

10

　　使用"矩形工具"和"椭圆工具"继续给凤冠添加装饰，绘制好的图形如图 7 - 37 所示。

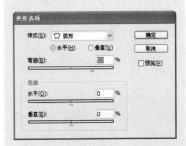

　　② 要设置封套的矩形网格，选择"对象"→"封套扭曲"→"用网

格建立"。在"封套网格"对话框中，设置行数和列数。

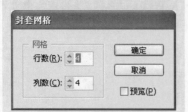

③ 若要使用一个对象作为封套的形状，确保对象的堆栈顺序在所选对象之上。如果不是这样，使用"图层"面板或"排列"命令将该对象向上移动，然后重新选择所有对象，再选择"对象"→"封套扭曲"→"用顶层对象建立"。

（3）执行下列任一操作来改变封套形状：

① 使用"直接选择"或"网格"工具拖动封套上的任意锚点。

② 删除网格上的锚点，使用"直接选择"或"网格工具"选择该锚点，然后再按 Delete 键。

③ 向网格添加锚点，使用"网格工具"在网格上单击。

路径查找器面板

执行"窗口"→"路径查找器"打开"路径查找器"面板，在此面板中将对象组合为新形状。

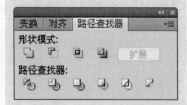

面板最上面一排按钮为"形状模式"，可以使用这些按钮来控制复合形状组件之间的交互。可以从以下形状模式中进行选择：

添加到形状区域：将组件区域添加到底层几何形状中。

图 7－37

11

使用相同的方法，用"钢笔工具"绘制新娘的头发，调整锚点，如图 7－38 所示。然后使用"钢笔工具"绘制新娘的脸，设置渐变色标，依次为白色和肉色（R245，G194，B171），如图 7－39 所示。设置"描边"为（R179，G26，B32），完成后的效果如图 7－40 所示。

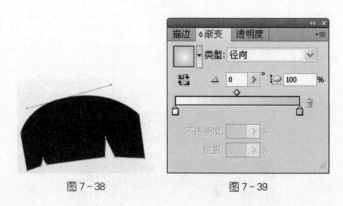

图 7－38   图 7－39

图 7－40

12

调整图形的排列顺序，同时为新娘添加眼睛和嘴，绘制好的效果如图 7－41 所示。

图 7－41

13

同样，单击工具箱中的"钢笔工具"，绘制衣服的底色作为描边的边线，设置"填色"为（R255，G224，B0），"描边"为无，在画板中绘制的图形如图 7－42 所示。

图 7－42

14

使用"钢笔工具"按钮，继续绘制衣服红色部分的效果。设置"填色"为（R230，G0，B18），"描边"为无，在画板中绘制的图形如图 7－43 所示。

从形状区域中减去：将组件区域从底层几何形状中切除。

与形状区域相交：和蒙版功能一样，可使用组件区域来剪切底层几何形状。

路径查找器选项

可以从"路径查找器"面板菜单中设置"路径查找器选项"，或者双击"外观"面板中的"路径查找器效果"来进行设置。

精度可以影响"路径查找器"效果计算对象路径时的精确程度。计算越精确，绘图就越准确，生成结果路径所需的时间就越长。

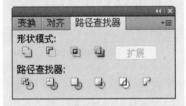

删除冗余点在单击"路径查找器"按钮时删除不必要的点。

分割和轮廓将删除未上色图稿，在单击"分割"或"轮廓"按钮时删除选定图稿中的所有未填充对象。

剪切和分割对象

用于剪切、分割以及裁切对象的方法。Illustrator 有以下几种剪切、分割和裁切对象的方法：

"分割下方对象"命令：就像是一把切刀或剪刀，使用选定的对象切穿其他对象，而丢弃原来所选的对象。选择"对象"→"路径"→"分割下方对象"命令。

"在所选锚点处剪切路径"按钮：在锚点处剪切路径，一个锚点将变为两个锚点，其中一个锚点位于另一个锚点的正上方。使用"直接选择工具"选择一个或多个锚点,然后在"控制"面板中使用该按钮。

"美工刀工具":沿着使用此工具绘制的自由路径剪切对象,将对象分割为作为其构成成分的填充表面(表面是未被线段分割的区域)。

"剪刀工具":在锚点处或沿某个段分割路径、图形框架或空文本框架。

"分割为网格":命令用于将一个或多个对象分割为多个按行和列排列的矩形对象。可以精确地更改行和列之间的高度、宽度和间距大小,并快速创建参考线来布置图稿。选择"对象"→"路径"→"分割为网格"。

"复合路径"与"复合形状":使可以用一个对象在另一个对象中开出一个孔洞。

"路径查找器效果":提供各种分割和裁切叠印对象的方法。

"剪切蒙版":可以用一个对象来隐藏其他对象的某些部分。

使用"分割下方对象"命令剪切对象

选择要用作切割器的对象,然后将其放置在要剪切的对象相重叠的位置。选择"对象"→"路径"→"分割下方对象"。

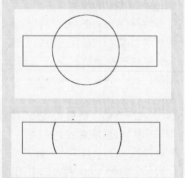

图 7 - 43

15

调整各个图形的顺序与位置,使用"选择工具"把新娘图形全部选中,使用快捷键 Ctrl + G 进行编组。最终绘制好的新娘效果如图 7 - 44 所示。

图 7 - 44

16

新郎的绘制方法同上,最终的效果如图 7 - 45 所示。

图 7 - 45

17

调整新娘和新郎的顺序与位置,完成后的效果如图7－46所示。

图7－46

18

执行"文件"→"置入"菜单命令,置入本书素材文件"chapter7\喜糖包装\文字.ai"。再为文字添加金属效果,设置渐变色标,如图7－47所示,依次为黄色(R252,G207,B0)、淡黄色(R255,G251,B218)、黄色(R252,G207,B0)、淡黄色(R253,G241,B211)、黄色(R252,G207,B0)、淡黄色(R253,G241,B211)、黄色(R252,G207,B0),完成后的效果如图7－48所示。

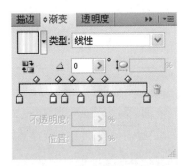

图7－47

图7－48

使用美工刀工具剪切对象

选择"美工刀工具"。执行下面的操作:

(1)若要剪切一个曲线路径,将指针拖移至对象上方。

(2)要在直线路径中进行剪切,在画板上使用"美工刀工具"单击时,按住 Alt 并拖移。

将对象分割为网格

(1)选择对象。如果选择多个对象,则对象的结果网格将使用最上方对象的外观属性。

(2)选择"对象"→"路径"→"分割为网格"。

（3）输入所需的行数和列数。

（4）执行下列任意操作（可选）：

① 设置每行或每列的大小，输入"高度"和"宽度"值。

② 设置行间和列间距，输入"间距"值。

③ 更改对象的整个网格的尺寸，输入"总计"值。

④ 沿行边缘和列边缘添加参考线，选择"添加参考线"。

（5）单击"确定"按钮。

19

使用上面相同的方法用"钢笔工具"绘制花纹图形，如图 7－49、图 7－50 所示。

图 7－49 图 7－50

20

使用"镜像工具"复制花纹。单击"镜像工具"打开"镜像"对话框，如图 7－51 所示设置参数，单击"复制"按钮。最终绘制好的效果如图 7－52 所示。

图 7－51

图 7－52

21

　　把已经绘制好的新娘新郎图形放在中间，如图7-53所示。然后为人物添加外发光的效果。执行"风格化"→"外发光"命令，打开"外发光"对话框，如图7-54所示设置参数。完成的效果如图7-55所示。

图 7-53

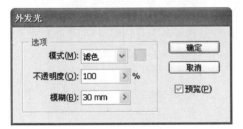

图 7-54

图 7-55

22

执行"文件"→"置入"命令，置入本书 chapter7 文件夹下的素材文件"喜"图形，添加渐变颜色（渐变颜色同上面的文字），完成效果如图 7-56 所示。

图 7-56

23

单击工具箱中的"椭圆工具"，在刚置入的图片上绘制椭圆，如图 7-57 所示。

图 7-57

24

同时选中图片和刚绘制的椭圆，执行"对象"→"剪切蒙板"→"建立"命令，然后将椭圆的描边改为 1 pt，完成效果如图 7-58 所示。

图 7-58

25

执行"文件"→"置入"命令,置入本书 chapter7 文件夹中的素材文件,边线图案,为图片"边线"添加渐变颜色,效果如图 7-59 所示。

图 7-59

26

单击工具箱中的"文字工具",设置渐变颜色同上,在画板中输入文字,在"字符"面板中设置合适的字体和大小。选中输入的文字,执行"文字"→"创建轮廓"命令,为文字创建轮廓,完成效果如图 7-60 所示。

喜　铺
WEDDING SWEET

地址:
电话: 021-666666
地址:
电话: 021-666666

图 7-60

27

使用上面相同的方法,在画板中输入文字,并旋转文字角度,完成效果如图 7-61 所示。

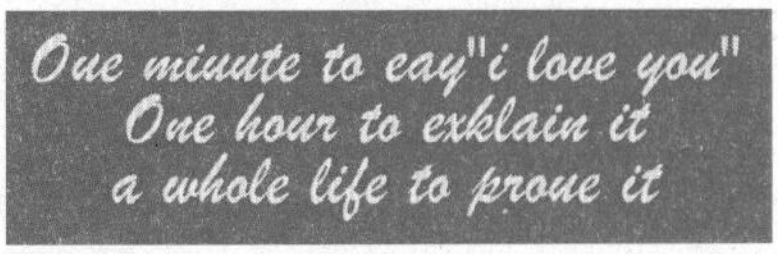

Oue minute to eay"i love you"
One hour to exklain it
a whole life to proue it

图 7-61

28

调整文字的大小和位置,如图 7-62 所示。将绘制好的文字图形放在如图 7-63 所示的位置。

图 7 - 62

图 7 - 63

29

执行"文件"→"保存"命令,完成"喜糖包装"的绘制。
最终完成效果如图 7 - 64 所示。

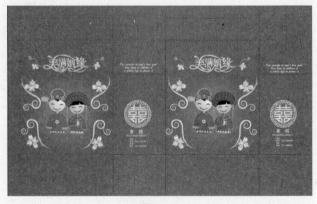

图 7 - 64

本章小结

　　本章通过实例讲述了使用 Illustrator 进行包装设计与制作的方法，对操作中涉及的一些知识点如路径、变换对象、封套、路径查找器等、剪切蒙版进行了专门的提炼讲解。

课后练习

❶ 简要说明如何使用路径查找器、剪切和分割对象？

❷ 设计制作一瓶酒的包装。

8

书籍装帧设计与制作

本课学习时间：12 课时

学习目标：掌握 Illustrator CS5 网格使用方法，学会书籍装帧设计。

教学重点：创建网格，渐变

教学难点：书籍装帧设计

讲授内容：数字图形中的颜色，图案，渐变，创建网格

课程范例文件：\chapter8\Graphic 时尚杂志.ai，\chapter8\漫画书封面\书的封面.ai

本章课程总览

学习 Illustrator CS5 中的基本知识，如数字图形中的颜色、专色和印刷色的概念、色彩空间和色域，利用创建网格、渐变、图案等操作技巧来进行书籍装帧设计制作。

案例一　时尚杂志

案例二　漫画书封面

8.1　时尚杂志

知识点：数字图形中的颜色、关于专色和印刷色、色彩空间和色域

01

　　运行 Adobe Illustrator CS5，执行"文件"→"新建"命令，创建一个尺寸为 200 mm×300 mm 的图形文件，设置"颜色模式"为 CMYK，如图 8-1 所示，单击"确定"按钮。

图 8-1

相对应。在"色板"面板中,可以通过在颜色名称旁边显示的图标来识别该颜色的颜色类型。

印刷色:使用四种标准印刷油墨的组合打印色彩:青色、洋红色、黄色和黑色(CMYK)。

由于印刷色的最终颜色值是它的 CMYK 值。如果使用 RGB 指定印刷色进行分色打印时,系统会将这些颜色值转换为 CMYK 值。根据颜色管理设置和文档配置文件,这些转换会有所不同。

只有正确的设置颜色管理系统,了解它在颜色预览方面的限制,不要根据显示器上的显示来指定印刷色。

在 Illustrator 中,可以将印刷色指定为全局色或非全局色。Illustrator 中,全局印刷色保持与"色板"面板中色板的链接。如果修改某个全局印刷色的色板,则会更新所有使用该颜色的对象。编辑颜色时,文档中的非全局印刷色不会自动更新。

色彩空间和色域

色彩空间是可见光谱中的颜色范围。色彩空间也可以是另一种形式的颜色模型。Adobe RGB、Apple RGB 和 sRGB 是基于同一个颜色模型的不同色彩空间示例。

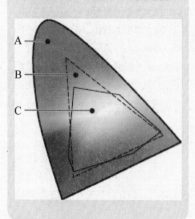

02

单击矩形工具,绘制一个矩形。设置填充为黑色,如图 8-2 所示。复制矩形并按图 8-3 所示排列。执行"效果"→"3D"→"旋转"命令,打开"效果"对话框,如图 8-4 所示设置参数。完成效果如图 8-5 所示。

图 8-2

图 8-3

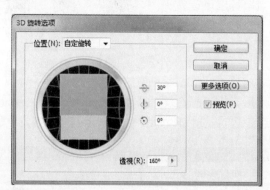

图 8-4

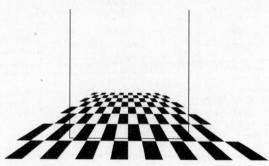

图 8-5

03

设置"填色"为黑色,单击"多边形工具",再按住 Alt 键单击画布,弹出"多边形"对话框,在对话框中将边数改为 3,如图 8-6 所示。绘制出一个三角形,并调整三角形的大小角度,完成效果如图 8-7 所示。

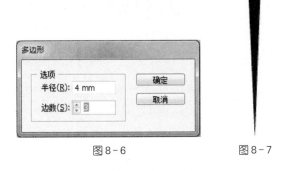

图 8-6   图 8-7

04

单击"旋转工具",按住 Alt 键的同时在三角形上单击锚点位置,如图 8-8 所示,在弹出的"旋转"对话框中设置"角度"为 11°,如图 8-9 所示,再单击"复制"按钮。用同样的方法逐一绘制三角形,完成效果如图 8-10 所示。

图 8-8

图 8-9

A. 可见色域

B. RGB 色彩空间

C. CMYK 色彩空间

色彩空间包含的颜色范围称为色域。整个工作流程内用到的各种不同设备(计算机显示器、扫描仪、桌面打印机、印刷机、数码相机)都在不同的色彩空间内运行,它们的色域各不相同。某些颜色位于计算机显示器的色域内,但不在喷墨打印机的色域内;某些颜色位于喷墨打印机的色域内,但不在计算机显示器的色域内。无法在设备上生成的颜色被视为超出该设备的色彩空间。换句话说,该颜色超出色域。

色彩不匹配原因

在出版系统中,没有哪种设备能够重现人眼可以看见的整个范围的颜色。每种设备都使用特定的色彩空间,此色彩空间可以生成一定范围的颜色,即色域。颜色模型可以确定各值之间的关系,色彩空间将这些值的绝对含义定义为颜色。某些颜色模型(例如 CIE L＊a＊b)有固定的色彩空间,因为它们直接与人类识别颜色的方法有关。这些模型被视为与设备无关。其他一些颜色模型(RGB、HSL、HSB、CMYK,等等)可能具有许多不同的色彩空间。由于这些模型因每个相关的色彩空间或设备而异,因此它们被视为与设备相关。

由于色彩空间不同,在不同设备之间传递文档时,颜色在外观上会发生改变。颜色偏移的产生可来自不同的图像源、应用程序定义颜色的方式不同、印刷介质的不同(新闻印刷纸张比杂志品质的纸张重现的色域要窄),以及其他自然差异,例如显示器的生产工艺不同或显示器的使用年限不同。

精确显示所有黑色

将纯 CMYK 黑显示为深灰。本设置允许查看单色黑和多色黑之间的差异。

将所有黑色显示为多色黑

将纯 CMYK 黑显示为墨黑（RGB＝000）。此设置使纯黑和复色黑在屏幕上的显示效果一样。

显示器配置文件

描述显示器当前还原颜色的方式。这是首先创建的配置文件,设计过程中在显示器上准确地查看颜色才能更好地决定临界颜色。如果在显示器上看到的颜色不能代表文档中的实际颜色,那么将无法保持颜色的一致性。

输入设备配置文件

描述输入设备能够捕捉或扫描的颜色。如果的数码相机可以选择配置文件,Adobe 建议选择 Adobe RGB,也可以使用 sRGB（多数相机的默认设置）。还可以考虑对不同的光源使用不同的配置文件。对于扫描仪配置文件,有些摄影师会为在扫描仪上扫描的每种类型或品牌的胶片创建单独的配置文件。

输出设备配置文件

描述输出设备（例如桌面打印机或印刷机）的色彩空间。色彩管理系统使用输出设备配置文件将文档中的颜色正确映射到输出设备色彩空间色域中的颜色。输出配置文件还应考虑特定的打印条件,比如纸张和油墨类型。例如,

图 8 - 10

05

执行"对象"→"编组"命令,或按快捷键 Ctrl＋G 对图形进行编组。再复制编组好的图形并对其进行缩放,按图 8 - 11 所示排列。

图 8 - 11

06

用学过的方法绘制其他图形,如图 8 - 12 所示。将绘制好的图形分别拖动到"符号"面板里的工具箱里,弹出"符号"对话框,如图 8 - 13 所示设置符号名称、类型等。完成效果如图 8 - 14 所示。

图 8 - 12

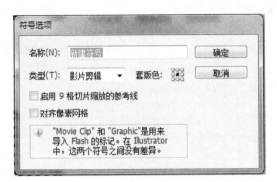

图 8－13

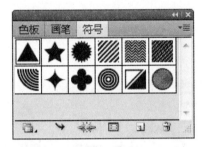

图 8－14

光面纸能够显示的颜色范围与雾面纸不同。

多数打印机驱动程序附带内置的颜色配置文件。在创建自定义配置文件之前,尝试这些配置文件是很好的方法。

文档配置文件

定义文档的特定 RGB 或 CMYK 色彩空间。通过为文档指定(或标记)配置文件,应用程序可以在文档中提供实际颜色外观的定义。例如,R＝127、G＝12、B＝107 只是一组不同的设备会有不同显示的数字。但是,当使用 Adobe RGB 色彩空间进行标记时,这些数字指定的是实际颜色或光的波长;在这一例子中,所指定的颜色为紫色。

当色彩管理打开时,Adobe 应用程序会自动为新文档指定一个基于"颜色设置"对话框中"工作空间"选项的配置文件。没有相关配置文件的文档被认为"未标记",只包含原始颜色值。处理未标记的文档时,Adobe 应用程序使用当前工作空间配置文件显示和编辑颜色。

描摹图稿

将现有图稿进行新的绘制,可以描摹此图稿。例如,通过将图形引入 Illustrator 并描摹它。

描摹图稿最简单的方式是打开或将文件置入 Illustrator 中,然后使用"实时描摹"命令描摹图稿。可以控制细节级别和填色描摹的方式。当对描摹结果满意时,可将描摹转换为矢量路径或"实时上色"对象。

07

选择"符号喷枪工具",如图 8－15 所示。接着在"符号"面板里选择星形。喷画时按住鼠标不放,可增加喷的星形符号密度,如图 8－16 所示。

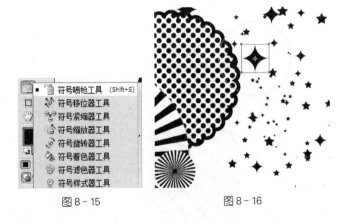

图 8－15　　　　图 8－16

08

设置"填色"为黑色,描边为"无",然后单击"矩形工具",再单击画布,绘制矩形,如图 8-17 所示。执行"效果"→"3D"→"凸出和斜角"命令,打开"3D 凸出和斜角选项"对话框,如图 8-18 所示设置参数。单击"贴图"按钮,打开"贴图"对话框,如图 8-19 所示选择符号。至此立方体制作完成,效果如图 8-20 所示。

描摹选项

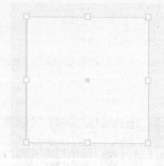

图 8-17

预设: 指定描摹预设。

模式: 指定描摹结果的颜色模式。

阈值: 指定用于从原始图像生成黑白描摹结果的值。所有比阈值亮的像素转换为白色,而所有比阈值暗的像素转换为黑色。(该选项仅在"模式"设置为"黑白"时可用。)

调板: 指定用于从原始图像生成颜色或灰度描摹的调板(该选项仅在"模式"设置为"颜色"或"灰度"时可用)。要让 Illustrator 决定描摹中的颜色,选择"自动"。要为描摹使用自定调板,选择一个色板库名称(色板库必须打开才能显示在"调板"菜单中)。

最大颜色数: 设置在颜色或灰度描摹结果中使用的最大颜色数(该选项仅在"模式"设置为"颜色"或"灰度"且面板设置为"自动"时可用)。

输出到色板: 在"色板"面板中为描摹结果中的每种颜色创建新色板。

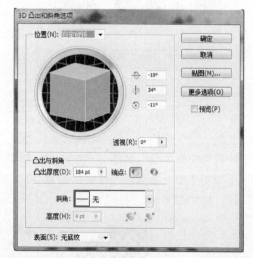

图 8-18

图 8-19

图 8 - 20

09

接着绘制背景图形。打开"符号"面板,把定义好的符号拖拽到页面中,如图 8 - 21 所示。复制粘贴该图形,按图 8 - 22 所示排列。

图 8 - 21

图 8 - 22

10

对完成的图形各部分进行适当调整,完成后的背景的效果如图 8 - 23 所示。

模糊:生成描摹结果前模糊原始图像。选择此选项在描摹结果中减轻细微的不自然感并平滑锯齿边缘。

重新取样:生成描摹结果前对原始图像重新取样至指定分辨率。该选项对加速大图像的描摹过程有用,但将产生降级效果。

填色:在描摹结果中创建填色区域。

描边:在描摹结果中创建描边路径。

最大描边粗细

指定原始图像中可描边的特征最大宽度。大于最大宽度的特征在描摹结果中成为轮廓区域。

最小描边长度:指定原始图像中可描边的特征最小长度。小于最小长度的特征将从描摹结果中忽略。

路径拟和:控制描摹形状和原始像素形状间的差异。较低的值创建较紧密的路径拟和;较高的值创建较疏松的路径拟和。

最小区域:指定将描摹的原始图像中的最小特征。例如,值为 4 指定小于 2x2 像素宽高的特征将从描摹结果中忽略。

拐角角度:指定原始图像中转角的锐利程度,即描摹结果中的拐角锚点。

栅格:指定如何显示描摹对象的位图组件。此视图设置不会存储为描摹预设的一部分。

矢量:指定如何显示描摹结果。此视图设置不会存储为描摹预设的一部分。

更改描摹对象的显示

描摹对象由以下两个组件组成:原始源图像和描摹结果(为矢

量图稿)。默认情况下,仅描摹结果可见。但是,可以更改源图稿和描摹结果的显示以最佳的满足需要。

(1)选择描摹对象。默认情况下,所有描摹对象在"图层"面板中都命名为"描摹"。

(2)可以执行下面的操作:

①若要更改描摹结果的显示,单击"控制"面板中的"矢量视图"按钮,或选择"对象"→"实时描摹"命令,并选择一个显示选项:"无描摹结果"、"描摹结果"、"轮廓"或"描摹轮廓"。

②若要更改源图像的显示,单击"控制"面板中的"栅格视图"按钮,或选择"对象"→"实时描摹"命令,并选择一个显示选项:"无图像"、"原始图像"、"调整图像"(显示具有描摹过程中应用的任何调整的图像)或"透明图像"。

提示:要查看原始图像,必须将"矢量视图"更改为"无描摹结果"或"轮廓"。

调整描摹结果

创建描摹对象后,可以随时调整结果。

(1)选择描摹对象。

(2)执行下列任一操作:

①在"控制"面板中设置基本选项。

②单击"控制"面板中的"描摹选项对话框"按钮以查看所有描摹选项。或选择"对象"→"实时描摹"→"描摹选项"命令。调整选项并单击"描摹"。

指定用于描摹的颜色

(1)创建包含希望在描摹中使用颜色的色板库。

图 8 - 23

11

设置"填色"为紫色(C85,M100,Y0,K0),透明度为85%,单击"椭圆工具",绘制一个椭圆,如图 8 - 24 所示。复制椭圆并调整其大小角度,完成效果如图 8 - 25 所示。

图 8 - 24

图 8 - 25

12

执行"文件"→"置入"命令,弹出"置入"对话框,如图8-26所示。置入本书素材文件"chapter8\时尚杂志\模特.jpg",如图8-27所示。将模特图形其调整至画面的中间,完成后效果如图8-28所示。

图8-26　　　　　　　　　图8-27

图8-28

13

为杂志添加刊名。执行"文件"→"置入"命令,弹出如图8-29所示的"置入"对话框,置入本书素材文件

（2）确保色板库打开,然后单击"控制"面板中的"描摹选项对话框"按钮。或选择"对象"→"实时描摹"→"描摹选项"。

（3）从"调板"菜单选择色板库名称,然后单击"描摹"按钮。

使用描摹预设

描摹预设提供用于特定类型图稿的预先指定的描摹选项。例如,如果要描摹打算用作技术绘图的图像,选择"技术绘图"预设。所有描摹选项将发生更改以获得技术绘图的最佳描摹:颜色设置为黑白色、模糊设置为0 px、描边宽度限制为3像素等。

指定预设

选择"对象"→"实时描摹"→"描摹选项"。或者,选择描摹对象,然后单击"控制"面板中的"描摹选项对话框"按钮。设置预设的描摹选项,然后单击"存储预设"。输入预设的名称并单击"确定"按钮。

选择"编辑"→"描摹预设"命令。单击"新建"命令,设置预设的描摹选项,然后单击"完成"按钮。

将描摹对象转换为实时上色对象

当对描摹结果满意时,可将描摹转换为路径或"实时上色"对象。这一最终步骤使可和矢量图一样处理描摹。转换描摹对象后,可不再调整描摹选项。

（1）选择描摹对象。

（2）将描摹转换为路径,单击"控制"面板中的"扩展"命令,或选择"对象"→"实时描摹"→"扩展"命令。如果希望将描摹图稿的组件作为单独对象处理时使用此方法。产生的路径将组合在一起。

若要在保留当前显示选项的同时将描摹转换为路径,选择"对象"→"实时描摹"→"扩展为查看结果"。例如,如果描摹结果的显示选项设置为"轮廓",则扩展的路径将仅为轮廓(而不是填色和描边)。此外,将保留采用当前显示选项的描摹快照,并与扩展路径组合。如果保留描摹图像作为扩展路径的指导时使用此方法。

如果将描摹转换为"实时上色"对象,单击"控制"面板中的"实时上色",或选择"对象"→"实时描摹"→"转换为实时上色"。如果希望使用实时油漆桶工具对描摹图稿应用填色和描边,使用此方法。

释放描摹对象

如果放弃描摹但保留原始置入的图像,可释放描摹对象。

选择描摹对象。选择"对象"→"实时描摹"→"释放"。

"chapter8\时尚杂志\LOGO. jpg",如图 8 - 30 所示。

图 8 - 29

图 8 - 30

14

单击"文字工具",输入文字。设置"填色"为粉色(C0,M100,Y0,K0),"描边"为无,如图 8 - 31 所示。再输入文字,设置"填色"为黄色(C0,M0,Y0,K100),"描边"为无,如图 8 - 32 所示。将文字摆放在相应的位置。

图 8 - 31

图 8-32

15

　　对已完成封面的各部分进行适当调整，然后在顶层绘制一个覆盖封面的矩形，设置"填色"为无，如图 8-33 所示。然后单击"图层"面板中的"剪切蒙版"按钮，建立剪切蒙版，如图 8-34 所示。

图 8-33

图 8-34

16

至此杂志封面设计完成,效果如图 8 - 35 所示。

图 8 - 35

8.2 漫画书的封面

知识点：渐变、创建网格、图案

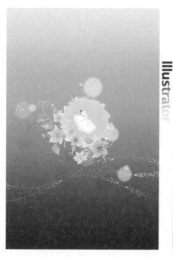

01

运行 Adobe Illustrator CS5 执行"文件"→"新建"命令，创建一个尺寸为 436 mm×297 mm 的图形文件，设置"颜色模式"为 RGB，四个方向的出血均为 2 mm，如图 8-36 所示。再单击"确定"按钮。

图 8-36

02

按快捷键 Ctrl+R 弹出标尺，分别在 210 mm 和 225 mm 的位置创建垂直参考线，执行"视图"→"参考线"→"锁定

知 识 点 提 示

渐变

使用渐变填充可以在要应用其他任何颜色时应用渐变颜色混合。创建渐变填色是在一个或多个对象间创建颜色平滑过渡的好方法。可以将渐变存储为色板，从而便于将渐变应用于多个对象。

提示：如果要创建颜色可以沿不同方向顺畅分布的单个多色对象，使用网格对象。

渐变面板和渐变工具概述

执行"窗口"→"渐变"命令打开"渐变"面板，或用"渐变工具"来应用、创建和修改渐变。

渐变颜色由沿着渐变滑块的一系列色标决定。色标标记渐变从一种颜色到另一种颜色的转换点,由渐变滑块下的方块所标示。

这些方块显示了当前指定给每个渐变色标的颜色。使用径向渐变时,最左侧的渐变色标定义了中心点的颜色填充,它呈辐射状向外逐渐过渡到最右侧渐变色标和颜色。

"渐变"面板

在"渐变"面板中,"渐变填充"框显示当前的渐变色和渐变类型。单击"渐变填充"框时,选定的对象中将填入此渐变。紧靠此框的右侧是"渐变"菜单,此菜单列出可供选择的所有默认渐变和预存渐变。在列表的底部是"存储渐变"按钮,单击该按钮可将当前渐变设置存储为色板。

创建椭圆渐变

可以创建线性、径向或椭圆渐变。更改径向渐变的长宽比时,它会变成一个椭圆渐变,也可以更改该椭圆渐变的角度并使其倾斜。

(1)在"渐变"面板中,从"类型"菜单中选择"径向"。

(2)指定 100% 以外的长宽比值。

(3)若要使椭圆倾斜,指定 0 以外的角度值。

参考线"命令,如图 8-37 所示。

图 8-37

03

单击"钢笔工具",绘制如图 8-38 所示的路径,设置"填色"为黑色和肉色,"描边"为无,分别绘制人物的脸型轮廓和头发,完成后效果如图 8-39、图 8-40 所示。

图 8-38

图 8-39

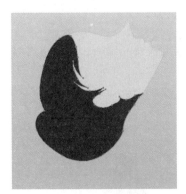

图 8-40

04

　　设置"填色"为红色（R135，G27、B32），分别绘制人物的眼睛，效果如图 8-41 所示。完成后设置"描边"为无，设置"填色"为红色（R135，G27，B32），绘制睫毛，效果如图 8-42 所示。

图 8-41

图 8-42

修改渐变中的颜色

　　（1）如果修改渐变而不使用该渐变填充对象，取消选择所有对象并双击"渐变"工具，或单击"工具"面板底部的渐变框。

　　（2）如果修改对象的渐变，选择该对象，然后打开"渐变"面板。

　　（3）如果修改预设渐变，从"渐变"面板的"渐变"菜单中选择一种渐变。或者单击"色板"面板中的渐变色板，然后打开"渐变"面板。

改变色标的颜色

　　（1）双击渐变色标（在"渐变"面板或选定的对象中），在出现的面板中指定一种新颜色。可通过单击左侧的"颜色"或"色板"图标来更改显示的面板。在面板外单击以接受所做的选择。

　　（2）将"颜色"面板或"色板"面板中的一种颜色拖到渐变色标上。

在渐变中添加中间色

　　将颜色从"色板"面板或"颜色"面板拖到"渐变"面板中的渐变滑块上。或者单击渐变滑块下方的任意位置，然后选择一种颜色作为所需的开始或结束颜色。

删除一种中间色

　　将方块拖离渐变滑块，或者选

择方块,然后单击"渐变"面板中的"删除"按钮。

更改渐变的方向、半径或原点

使用渐变填充对象后,可以使用渐变工具通过"绘制"新的填充路径来修改渐变。使用此工具可以更改渐变的方向、渐变的原点以及起点和终点。

(1)选择渐变填充对象。

(2)选择"渐变工具",并执行以下任一操作。

① 要更改线性渐变的方向,单击要渐变开始的位置,然后朝想要渐变显示的方向拖移。

② 将"渐变工具"放在对象中的渐变滑块上,当光标变为旋转图标时,通过拖动来设置渐变的角度。

创建网格对象

可以基于矢量对象(复合路径和文本对象除外)来创建网格对象。无法通过链接的图像来创建网格对象。

若要提高性能、加快重新绘制速度,将网格对象保持为最小的大小。复杂的网格对象会使系统性能大大降低。因此,最好创建若干小而简单的网格对象,而不要创建单个复杂的网格对象。如果要转换复杂对象,用"创建网格"命令可以得到最佳结果。

使用不规则的网格点图案来创建网格对象

(1)选择网格工具,然后为网格点选择填充颜色。

(2)单击要将第一个网格点放置到的位置。该对象将被转换为一个具有最低网格线数的网格对象。

05

接下来绘制头发的路径。先绘制刘海,调整路径后效果如图8-43所示。完成后使用相同的方法。绘制其他的头发填充近似的颜色,注意颜色的搭配与协调。效果如图8-44所示。

图8-43

图8-44

06

使用粉色绘制腮部。先用"钢笔工具"将腮的外部轮廓描绘出来,如图8-45所示。在画好的腮部路径中填充颜色(R244,G172,B175),完成后取消边框色。完成后效果如图8-46所示。

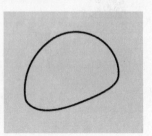

图8-45

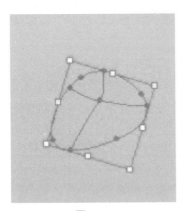

图 8－46

07

选择工具条上的"网络工具"，在如图 8－47 所示的白圈位置处单击，这样 Illustrator 便会根据所操作的图形的轮廓来自动生成一个网格路径。不要更换工具，直接用"网络工具"，按住 Ctrl 键去调节网格路径上的节点位置以及手柄的走向，使其符合腮部阴影的走向。完成后效果如图 8－48 所示。

图 8－47

图 8－48

（3）继续单击可添加其他网格点。按住 Shift 键并单击可添加网格点而不改变当前的填充颜色。

使用规则的网格点图案来创建网格对象

（1）选择该对象，然后选择"对象"→"创建渐变网格"。

（2）设置行和列数，然后从"外观"菜单中选择高光的方向：

无层次：在表面上均匀应用对象的原始颜色，从而导致没有高光。

至中心：在对象中心创建高光。

至边缘：在对象边缘创建高光。

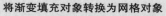
将渐变填充对象转换为网格对象

（1）选择该对象，然后选择"对象"→"扩展"。

（2）选择"渐变网格"，然后单击"确定"按钮。

编辑网格对象

使用多种方法来编辑网格对象，如添加、删除和移动网格点；更改网格点和网格面片的颜色，以及将网格对象恢复为常规对象等。

编辑网格对象的方法

1. 添加网格点

选择"网格工具"，然后为新网格点选择填充颜色。然后单击网格对象中的任意一点。

2. 删除网格点

按住 Alt 键，用网格工具单击该网格点。

3. 移动网格点

使用网格工具或直接选择工具拖动它。按住 Shift 并使用网格工具拖动网格点，可使该网格点保持在网格线上。要沿一条弯曲的网格线移动网格点而不使该网格线发生扭曲，这不失为一种简便的方法。

图案

Illustrator 附带提供了很多图案，可以在"色板"面板中访问这些图案。

可以自定现有图案以及使用任何 Illustrator 工具从头开始设计图案。用于填充对象的图案（填充图案）与通过"画笔"面板应用于路径的图案（画笔图案）在设计和拼贴上都有所不同。要想达到最佳结果，应将填充图案用来填充对象，而画笔图案则用来绘制对象轮廓。

08

设置"描边"为无，嘴唇颜色为（R228，G80，B104），绘制嘴唇，效果如图 8-49 所示。完成后使用前面相同的方法为嘴唇添加立体效果。注意表现出嘴唇的质感，效果如图 8-50 所示。

图 8-49

图 8-50

09

设置"填色"为肉色（R249，G207，B187），"描边"为无，绘制人物的身体。注意对人物身体进行修正，使其轮廓的线条更加流畅。然后用同样的方法绘制衣服，效果如图 8-51、图 8-52 所示。

图 8-51

图 8-52

10

　　设置"填色"为肉色（R249，G207，B187），"描边"为无，绘制手臂、腿部，完成效果如图 8-53 所示。完成后继续绘制鞋子，效果如图 8-54 所示。

图 8-53

Adobe Illustrator 拼贴图案的方式

　　（1）所有图案从标尺原点（默认情况下，在画板的左下角）开始，由左向右拼贴到图稿的另一侧。要调整图稿中所有图案开始拼贴的位置，可以更改文件的标尺原点。

　　（2）填充图案通常只有一种拼贴。

　　（3）画笔图案最多可包含五个拼贴，分别用于边线、外角、内角以及路径起点和终点。通过使用额外的边角拼贴，可使画笔图案在边角处的排列更加平滑。

　　（4）填充图案垂直于 X 轴进行拼贴。

　　（5）画笔图案的拼贴方向垂直于路径（图案拼贴顶部始终朝向外侧）。另外，每次路径改变方向时，边角拼贴都会顺时针旋转 90°。

　　（6）填充图案只拼贴图案定界框内的图稿，这是图稿中最后面的一个未填充且无描边（非打印）的矩形。对于填充图案，定界框用作蒙版。

　　（7）画笔图案拼贴图案定界框内的图稿和定界框本身，或是突出到定界框之外的部分。

图案拼贴构建准则

　　（1）如果制作较为简单的图案以便迅速打印，从图案图稿中删除不必要的细节，然后将使用相同颜色的对象编排成组，使其在堆栈顺序中彼此相邻。

　　（2）创建图案拼贴时，放大显示图稿，从而更准确地对齐组成元素，然后再将图稿缩小显示以进行定稿。

　　（3）图案越复杂，用于创建图案的选区就应越小；但选区（与其创建的图案拼贴）越小，创建图案

所需的副本数量就越多。因此,1
平方英寸的拼贴比 1/4 平方英寸
的拼贴效率更高。如果创建简
单图案,可在准备用于图案拼贴
的选区中纳入该对象的多个
副本。

(4) 创建简单的线条图案,绘
制几条不同宽度和颜色的描边线
条,接着在这些线条后置入一个无
填色、无描边的定界框,以创建一
个图案拼贴。

(5) 使组织或纹理图案显现
不规则的形状,可稍微改变一下拼
贴图稿,以生成逼真的效果。可以
使用"粗糙化"效果来控制各种
变化。

(6) 为了确保平滑拼贴,在定
义图案之前先关闭路径。

(7) 放大图稿视图,在定义图
案之前检查有无瑕疵。

(8) 如果围绕图稿绘制定界
框,要确保该框为矩形形状、是拼
贴最后方的对象,并且未填色、未
描边。若要让 Illustrator 将该界定
框用于画笔图案,确保此定界框无
任何突出部分。

创建图案色板

(1) 为图案创建图稿。

(2) (可选)要控制图案元素
间距或剪切掉部分图案,在要用作
图案的图稿周围绘制一个图案定
界框(未填充的矩形)。选择"对
象"→"排列"→"置为底层"命令,
使该矩形成为最后面的对象。若
要使用矩形作为画笔图案或填充
图案的定界框,将其填色和描边设
置为"无"。

(3) 使用"选择工具"来选择
组成图案拼贴的图稿和定界框(如
果有的话)。

(4) 执行下列操作:

图 8-54

11

设置"填色"为白色(R255,G255,B255),"描边"为
无,绘制裙子,如图 8-55 所示将不透明度改为 77%。完
成后效果如图 8-56 所示。

图 8-55

图 8-56

12

接下来复制裙子,将裙子变为四层并且调整裙子摆

放的位置。效果如图 8－57 所示。在"透明度"面板中将模式改为滤色,不透明度改为 50％,如图 8－58 所示。

图 8－57

图 8－58

13

绘制袖子,将袖子复制三次,如图 8－59 所示,并且调整袖子摆放的位置。在"透明度"面板中将模式改为滤色,不透明度改为 50％,如图 8－60 所示。

图 8－59

① 选择"编辑"→"定义图案"命令,在"新建色板"对话框中输入一个名称,然后单击"确定"按钮。该图案将显示在"色板"面板中。

② 将图稿拖到"色板"面板上。

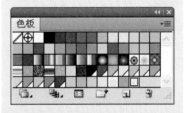

创建无缝的几何图案

(1)打开"智能参考线",并在"视图"菜单中选中"对齐点"。

(2)选择几何对象。若要精确定位,将"直接选择工具"置于对象的任一锚点上。

(3)从其中一个对象锚点开始垂直拖动对象;然后按快捷键 Alt＋Shift(Windows)以复制该对象并限制其移动。

（4）当对象副本与定位点对齐后，松开鼠标按键，然后松开键盘按键。

（5）通过使用"编组选择工具"，按住 Shift 并单击以选择这两个对象，并从其中一个对象锚点开始水平拖动对象；然后按快捷键 Alt + Shift（Windows）以创建一个副本并限制移动。

（6）当对象副本与定位点对齐后，松开鼠标按键，然后释放键盘按键。

（7）使用矩形工具：

① 填充图案：从左上方对象的中心点到右下方对象的中心点间绘制一个定界框。

② 画笔图案：围绕对象四周绘制一个定界框，并使其与外边界一致。如果图案是边角拼贴，在拖动定界框时，按住 Shift 键，将其限定为正方形。

（8）为几何对象按所需颜色上色。

（9）将几何对象存储为图案色板。

图 8 - 60

14

调整袖子的位置，效果如图 8 - 61 所示。为裙子添加褶皱，并注意人物的部分细节的处理，完成效果如图 8 - 62 所示。

图 8 - 61

图 8 - 62

15

将人物的所有图形部分全选，并按快捷键 Ctrl + G 将其编组，效果如图 8 - 63 所示。完成后的效果如图

8－64 所示。

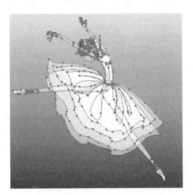

图 8－63

图 8－64

16

　　人物效果制作完毕。接下来单击"椭圆工具"，按住 Shift 键绘制圆，如图 8－65 所示，"透明度"面板中调整模式为滤色，不透明度 50％，如图 8－66 所示。

图 8－65

图 8-66

17

然后复制粘贴圆作为背景，并适当调整圆摆放的位置，让构图更加漂亮。完成后效果如图 8-67 所示。

图 8-67

18

然后制作沿路径排列的图形。先使用"钢笔工具"绘制路径，如图 8-68 所示。设置填色为空，描边为 1 pt，如图 8-69 所示。

图 8-68

图 8-69

19

　　绘制图形，设置"描边"为无，"颜色"为白色，完成后效果如图 8-70 所示。

图 8-70

20

　　将此沿路径排列的图形拖到"画笔"面板中，如图 8-71 所示。在"新建画笔面板中"选择"新建-散点画笔"选项，如图 8-72 所示。然后单击"确定"按钮。

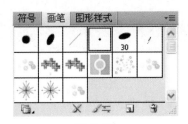

图 8-71

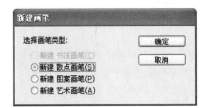

图 8-72

21

　　选中刚才画出的那条路径（填色为空），并保持选中状态，单击"画笔"面板上刚才新建的那个散点图形。如果要更改间距、大小，可以双击"画笔"面板上的那个散点图形，弹出对话框"散点画笔选项"，按图 8-73 所示进行设置。完成后的最终效果如图 8-74 所示。

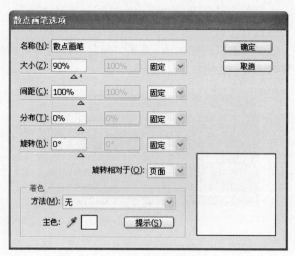

图 8 - 73

图 8 - 74

22

使用"钢笔工具"绘制几条曲线，注意调整摆放曲线所在的位置，如图 8 - 75 所示。

图 8 - 75

23

　　打开本书素材文件"chapter8\漫画书封面\鹦鹉. ai"，如图 8－76 所示，将其拖移至"书的封面"中，调整到如图 8－77 所示的位置。

图 8－76

图 8－77

24

　　单击"镜像工具"，然后在弹出的"镜像"对话框中设置如图 8－78 所示的各项参数，单击"复制"按钮，复制出一个鹦鹉和花朵。把镜像出来的花朵删掉一朵，调整后的效果如图 8－79 所示。

图 8－78

图 8 - 79

25

打开本书素材文件"chapter8\漫画书封面\渐变背景. ai",如图 8 - 80 所示。将其拖移至"书的封面"中,调整到如图 8 - 81 所示的位置。

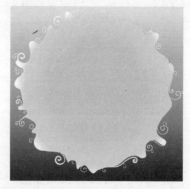

图 8 - 80

图 8 - 81

26

接下来制作封面中的文字。单击"文字工具"，在"字符"面板中如图 8 - 82 所示设置各项参数。完成后设置渐变色，渐变色标依次为深蓝色（R13，G55，B103）、蓝色（R47，G131，B197）、蓝色（R101，G178，B216）、淡蓝色（R205，G232，B237），完成后效果如图 8 - 83 所示。

图 8 - 82

Illustrator

图 8 - 83

27

打开本书素材文件"chapter8\漫画书封面\线条.ai"，如图 8 - 84 所示，将其拖移至"书的封面"中，如图 8 - 85 所示，隐藏参考线后查看效果。

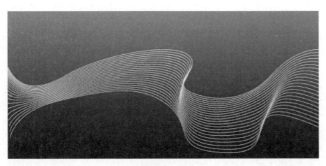

图 8 - 84

图 8 - 85

28

    使用以前学过的方法,为画面添加一些图形元素,增强画面的设计感,完成后的效果如图 8 - 86 所示。

图 8 - 86

29

    然后在右侧页面顶层绘制一个覆盖封底的矩形,设置"填色"为无,然后单击"图层"面板中的建立剪切蒙版按钮,建立剪切蒙版,如图 8 - 87 所示。左侧页面的制作方法同上。置入本书素材文件"chapter8\漫画书封面\条形码. ai",为书的封面增添条形码,然后使用"文本工具"输入作者名、书名。至此,本实例制作完成,效果图如图 8 - 88 所示。

图 8 - 87

图 8 - 88

Illustrator

平面图形设计项目制作教程

本章小结

引导本章讲述了书籍装帧的设计与制作方法，对操作中涉及的一些知识点如数字图形中的颜色、关于专色和印刷色、色彩空间和色域、创建网格、渐变、图案等进行了专门提炼讲解。

课后练习

❶ 如何创建网格？

❷ 设计一个旅游电子杂志的封面。

产品造型设计与制作

9

本课学习时间：12 课时

学习目标：掌握 Illustrator CS5 动作面板、记录动作的方法，学会产品设计与制作

教学重点：产品造型设计与制作

教学难点：化妆品设计与制作

讲授内容：动作面板，记录动作，存储图稿

课程范例文件：\ chapter9 \ Apple 产品 \ Apple 产品 . ai, \ chapter9 \月亮牌化妆品\月亮牌化妆品 . ai

本章课程总览

学习 Illustrator CS5 中动作面板、记录动作、导入文件、存储图稿的方法，应用这些方法进行产品造型设计与制作。

案例一　Apple 产品

案例二　月亮牌化妆品

9.1 Apple 产品制作

知识点：导入文件、存储图稿

导入文件

当置入图形时，将在布局中看到文件的屏幕分辨率版本，从而可以查看和定位文件，但实际的图形文件可能已链接或已嵌入。

链接的图稿虽然连接到文档，但仍与文档保持独立，因而得到的文档较小。可以使用变换工具和效果来修改链接的图稿，但不能在图稿中选择和编辑单个组件。可以多次使用链接的图形，而不会显著增加文档的大小；也可以一次更新所有链接。当导出或打印文件时，将检索原始图形，并按照原始图形的完全分辨率创建最终输出。

嵌入的图稿将按照完全分辨率复制到文档中，因而得到的文档

01

运行 Adobe Illustrator CS5，执行"文件"→"新建"命令，创建一个尺寸为 210 mm × 297 mm 的图形文件，设置"颜色模式"为 RGB，如图 9－1 所示。单击"确定"按钮。

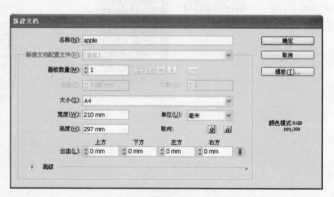

图 9－1

02

按快捷键 Ctrl + R 弹出标尺,然后分别在 40 mm、108 mm 的位置创建垂直参考线,再分别在 152 mm、255 mm 的位置创建水平参考线。完成后执行"视图"→"参考线"→"锁定参考线"命令,效果如图 9-2 所示。

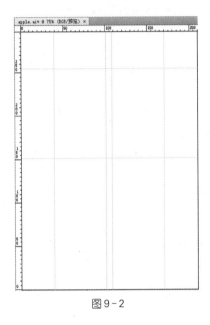

图 9-2

03

单击圆角矩形工具,绘制圆角矩形,参数设置如图 9-3 所示。填充渐变色,设置渐变色标依次为灰色 (R158,G158,B158)、浅灰色(R216,G216,B216)、浅白色(R235,G235,B235)、浅灰色(R163,G163,B163),如图 9-4 所示。完成的效果如图 9-5 所示。

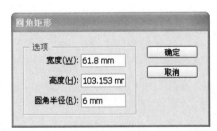

图 9-3

较大。可以根据需要随时更新文档;一旦嵌入图稿,文档将可以满足显示图稿的需要。

使用"链接"面板来确定图稿是链接的还是嵌入的,或将图稿从一种状态更改为另一种状态。

嵌入的图稿包含多个组件,还可分别编辑这些组件。例如,如果图稿包含矢量数据,Illustrator 可将其转换为路径,然后可以用 Illustrator 工具和命令来修改。对于从特定文件格式嵌入的图稿,Illustrator 还保留其对象层次(例如组和图层)。

置入(导入)文件

"置入"命令是导入的主要方式,因为该命令提供有关文件格式、置入选项和颜色的最高级别的支持。置入文件后,可以使用"链接"面板来识别、选择、监控和更新文件。

(1)打开要将图稿置入的目标 Illustrator 文档。

(2)选择"文件"→"置入"命令,然后选择要置入的文件。

(3)选择"链接"可创建文件的链接,取消选择"链接"可将图稿嵌入 Illustrator 文档。

(4)单击"置入"按钮。

（5）置入具有多个页面的 PDF 文件，可选择要置入的页面以及裁剪图稿的方式。

嵌入 Photoshop 文件，可选择转换图层的方式。如果文件包含图层复合，还可选择要导入的图像版本。

将图像的一部分从 Photoshop 移动到 Illustrator

（1）在 Photoshop 中选择要移动的图像。

（2）执行下面的操作：

① 在 Photoshop 中复制选区，粘贴到 Illustrator 中。当选择"复制"命令时，如果图层蒙版为启用状态，则 Photoshop 将复制蒙版而不是主图层。

② 在 Photoshop 中选择"移动工具"，然后将选区拖动到 Illustrator 中。Illustrator 以白色填充透明像素。

将路径从 Photoshop 移动到 Illustrator

（1）在 Photoshop 中选择"路径组件选择工具"或"直接选择工具"以选择要移动的路径。可以选择显示在"路径"面板中的任何路径或路径线断，包括形状矢量蒙版、工作路径和已存储路径。

（2）在 Photoshop 中选择"复制"命令，在 Illstrator 中选择"粘贴"命令。或将路径拖动到 Illustrator。

（3）在"粘贴选项"对话框中，选择将路径作为复合形状或复合路径粘贴。

存储图稿

存储或导出图稿时，Illustrator 将图稿数据写入到文件。数据的结构取决于选择的文件格式。

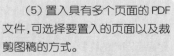

图 9-4

图 9-5

04

执行"复制"、"粘贴"命令，创建与原先所画矩形大小一致的圆角矩形，无填充颜色，并将其置于原先所画矩形的上层，如图 9-6 所示。在矩形上面绘制一个矩形，如图 9-7 所示。用"直接选择工具"选择这两个图形，打开"窗口"→"路径查找器"，在"形状模式"选项中选择"减去顶层"，如图 9-8 所示。完成的效果如图 9-9 所示。

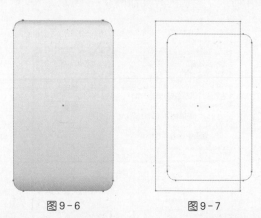

图 9-6　　　　　　　　　　图 9-7

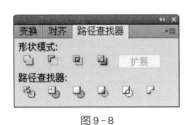

图9-8　　　　　　图9-9

05

将画好的图形放置在之前画好的矩形的右侧，如图9-10所示。完成后执行"窗口"→"透明度"命令，打开"透明度"面板，建立不透明蒙版，如图9-11所示。执行"镜像"命令，打开"镜像"面板，如图9-12所示设置参数，单击"复制"按钮，翻转放在矩形的左侧，完成的效果使产品更有立体感，如图9-13所示。

图9-10

图9-11

可将图稿存储为5种基本文件格式：AI、PDF、EPS、FXG和SVG。这些格式称为本机格式，因为它们可保留所有Illustrator数据，包括多个画板。对于PDF和SVG格式，必须选择"保留Illustrator编辑功能"选项以保留所有Illustrator数据。EPS和FXG可以将各个画板存储为单独的文件。SVG只存储现用画板，但是所有画板的内容都会显示。

还可以以多种文件格式导出图稿，在Illustrator以外使用。这些格式称为非本机格式，因为如果在Illustrator中重新打开文件，Illustrator将无法检索所有数据。出于这个原因，建议以AI格式存储图稿，直到创建结束，然后将图稿导出为所需格式。

用 Illustrator 格式存储

如果文档包含多个画板，存储到以前的Illustrator版本中，可以选择将每个画板存储为一个单独的文件，或者将所有画板中的内容合并到一个文件中，可以执行下面的操作：

（1）选择"文件"→"存储为"或"文件"→"存储副本…"。

（2）键入文件名，并选择存储文件的位置。

（3）选择Illustrator（＊.AI）作为文件格式，然后单击"存储"命令。

（4）在"Illustrator选项"对话框中设置所需选项，然后单击"确定"按钮。

导入 EPS 文件

封装PostScript（EPS）是在应用程序间传输矢量图稿的流行文件格式。可以使用"打开"命令、

"置入"命令、"粘贴"命令和拖放功能将图稿从 EPS 文件导入 Illustrator 中。

处理 EPS 图稿

（1）打开或嵌入在另一个应用程序中创建的 EPS 文件时，Illustrator 将所有对象转换为 Illustrator 本机对象（即自有对象）。但是，如果文件包含 Illustrator 无法识别的数据，可能丢失某些数据。因此，除非需要编辑 EPS 文件中的各个对象，否则最好链接文件而不是打开或嵌入文件。

（2）EPS 格式不支持透明度；因此不要从其他应用程序向 Illustrator 置入透明图稿。改用 PDF1.4 格式做此用途。

（3）打印或存储包含链接的 EPS 文件的图稿时，如果这些文件以二进制格式存储（例如，Photoshop 的默认 EPS 格式），可能收到错误消息。在这种情况下，以 ASCII 格式重新存储 EPS 文件，将链接的文件嵌入 Illustrator 图稿，打印到二进制打印端口（而不是 ASCII 打印端口），或以 AI 或 PDF 格式（而不是 EPS 格式）存储图稿。

（4）如果要管理文档中的图稿颜色，则由于嵌入的 EPS 图像是文档的一部分，因此发送到打印设备时将进行颜色管理。

（5）导入与文档中的颜色名称相同但定义不同的 EPS 颜色，Illustrator 将显示警告。选择"使用链接文件的颜色"将文档中的颜色替换为链接文件的 EPS 颜色。文档中使用此颜色的所有对象将相应更新。选择"使用文档的颜色"可原样保留色板，并使用文档颜色解决所有颜色冲突。EPS 预览无法更改，因此预览可能不正确，但

图 9-12

图 9-13

06

单击"圆角矩形工具"，绘制圆角矩形，参数设置如图 9-14 所示。填充颜色为黑灰色（R26，G26，B26）。将绘制好的黑灰色矩形放在大矩形上部，完成的效果如图 9-15 所示。

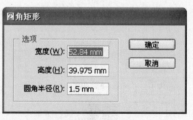

图 9-14

图 9－15

07

　　单击"椭圆工具"，绘制椭圆，参数设置如图 9－16 所示。填充颜色为灰色（R242，G242，B242），描边颜色为灰色（R102，G102，B102），粗细为 1 pt。将绘制好的椭圆放在大矩形下部，完成的效果如图 9－17 所示。

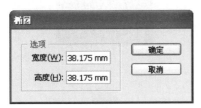

图 9－16

图 9－17

会印刷到正确的印版。选择"应用于全部"将解决所有颜色冲突，使用文档还是链接文件的定义取决于选择的选项。

　　（6）有时打开包含嵌入的 EPS 图像的 Illustrator 文档时，可能出现警告。如果应用程序找不到原 EPS 图像，就会提示抽出 EPS 图像。选择对话框中的"抽出"选项，图像将抽出到和当前文档相同的目录中。尽管嵌入的文件不能在文档中预览，但现在文件将正确打印。

　　（7）默认情况下，链接的 EPS 文件显示为高分辨率预览。如果链接的 EPS 文件在文档窗口中不可见，可能是因为丢失了文件的预览。

用 Illustrator 格式存储文件

　　文档包含多个画板并且希望存储到以前的 Illustrator 版本中，可以选择将每个画板存储为一个单独的文件，或者将所有画板中的内容合并到一个文件中。

　　（1）选择"文件"→"存储为"命令或"文件"→"存储副本"命令。

　　（2）键入文件名，并选择存储文件的位置。

　　（3）选择 Illustrator（＊.AI）作为文件格式，然后单击"保存"。

　　（4）在"Illustrator 选项"对话框中设置所需选项，然后单击"确定"按钮。

08

单击"椭圆工具",再绘制 1 个椭圆,参数设置如图 9-18 所示。填充颜色为灰色(R242,G242,B242),如图 9-19 所示。继续绘制 1 个椭圆,放置在灰色椭圆的上层,填充渐变颜色,渐变色标设置为灰色(R235,G235,B235)、灰色(R163,G163,B163),如图 9-20 所示。调整椭圆放置的位置,完成的效果如图 9-21 所示。

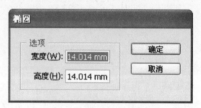

图 9-18

图 9-19

图 9-20

图 9 – 21

09

　　使用"矩形工具"、"多边形工具",绘制出按键图形,
参数设置如图 9 – 22、图 9 – 23 所示。完成效果图 9 – 24
所示。最后将按键图形摆放在图 9 – 25 所示的位置。

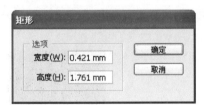

图 9 – 22

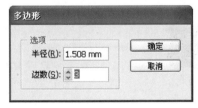

图 9 – 23

图 9 – 24

图 9 - 25

10

    按快捷键 Ctrl + O, 打开素材文件"chapter9\Apple
产品\logo. ai", 如图 9 - 26 所示, 使用"移动工具"选择苹
果的标志并拖移至产品上, 放置在如图 9 - 27 所示的位
置。这样整个 Apple 产品就绘制好了, 使用快捷键 Ctrl +
G 将其编组。

图 9 - 26   图 9 - 27

11

    接下来制作 Apple 产品的投影。选中"Apple"图形,
执行"镜像"命令, 打开"镜像"面板, 单击"复制"按钮, 如
图 9 - 28 所示。调整新绘制的"Apple"产品的位置, 完成
的效果如图 9 - 29 所示。

图 9-28　　　　　　　　图 9-29

12

为投影建立不透明蒙版，如图 9-30 所示。完成的效果如图 9-31 所示。

图 9-30　　　　　　　　图 9-31

13

继续制作黑色的 Apple。绘制方法与白色的 Apple 完全一样，不同之处是颜色的设置。完成的效果如图

9 -32所示。

图 9 - 32

14

最后 Apple 产品完成的效果如图 9 - 33 所示。至此本实例制作完成。

图 9 - 33

9.2　月亮牌化妆品制作

知识点：动作面板、记录动作

01

运行 Adobe Illustrator CS5，执行"文件"→"新建"命令，创建一个尺寸为 210 mm×297 mm 的图形文件，设置"颜色模式"为 RGB，如图 9-34 所示，单击"确定"按钮。

图 9-34

动作面板

执行"窗口"→"动作"命令，打开"动作"面板，可以记录、播放、编辑和删除各个动作。此面板还可以用来存储和载入动作文件。

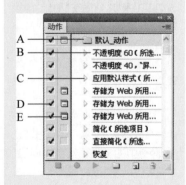

A. 动作组。

B. 动作。

C. 已记录的命令。

D. 包含的命令。

E. 模态控制（打开或关闭）

展开和折叠组、动作及命令。

在"动作"面板中按住 Alt 键并单击组、动作或命令左侧的三角形，可展开或折叠一个组中的全部动作或一个动作中的全部命令。

对文件播放动作

播放动作可以在活动文档中执行动作记录的命令。一些动作需要先行选择才可播放，而另一些动作则可对整个文件执行。可以排除动作中的特定命令或只播放单个命令。如果动作包括模态控制，可以在对话框中指定值或在动作暂停时使用模态工具。

提示：在按钮模式下，单击按钮将执行整个动作，但不执行先前已排除的命令。

（1）选择要对其播放动作的对象或打开文件。

（2）执行下面的操作：

① 若要播放一组动作，选择该组的名称，然后在"动作"面板中单击"播放"按钮，或从面板菜单中选择"播放"命令。

② 若要播放整个动作，选择该动作的名称，然后在"动作"面板中单击"播放"按钮，或从面板菜单中选择"播放"。

③ 如果为动作指定了组合键，则按该组合键就会自动播放动作。

④ 仅播放动作的一部分，选择要开始播放的命令，并单击"动作"面板中的"播放"按钮，或从面板菜单中选择"播放"命令。

⑤ 若要播放单个命令，选择

02

按快捷键 Ctrl + R 弹出标尺，然后分别在 46 mm、113 mm 的位置创建垂直参考线. 再分别在 136 mm、236 mm 的位置创建水平参考线，完成后执行"视图"→"参考线"→"锁定参考线"命令，效果如图 9 - 35 所示。

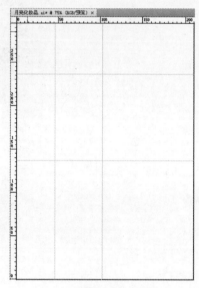

图 9 - 35

03

制作化妆品的外部造型。选择"圆角矩形工具"，绘制一个矩形，参数设置如图 9 - 36 所示。设置填色为蓝色（R42，G98，B148），描边为"无"。完成效果如图 9 - 37 所示。

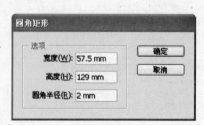

图 9 - 36

图 9-37

04

使用"直接选择工具",调整矩形底部的点,完成效果如图 9-38 所示。

图 9-38

05

接下来制作化妆品的塑料材质,增加立体效果。可以使用"网格工具"来完成从平面到立体的改变,使化妆品的造型更加有立体感。单击"网格工具"添加网格线,如图 9-39 所示。为了使立体效果更加明显,继续添加网格,调整颜色和网点的位置,做出高光阴影的效果,如图 9-40 所示。完成的效果如图 9-41 所示。

该命令,然后按住 Ctrl 键并单击"动作"面板中的"播放"按钮。也可以按住 Ctrl 并双击该命令。

记录动作

创建新动作时,所用的命令和工具都将添加到动作中,直到停止记录。为了防止出错,在副本中进行以下操作:在动作开始时,在应用其他命令之前,执行"文件"→"存储副本"命令(Illustrator),或执行"文件"→"存储为"命令并选择"作为副本"(Photoshop)。也可以在 Photoshop 中单击"历史记录"面板上的"新快照"按钮,以便在记录动作之前拍摄图像快照。

(1)打开文件。

(2)在"动作"面板中,单击"创建新动作"按钮,或从"动作"面板菜单中选择"新建动作"。

(3)输入一个动作名称,选择一个动作集,然后设置附加选项。功能键为该动作指定一个键盘快捷键。可以选择功能键、Ctrl 键和 Shift 键的任意组合(例如,Ctrl + Shift + F3)。

(4)单击"开始记录"。"动作"面板中的"开始记录"按钮变为红色。

提示:记录"存储为 …"命令时,不要更改文件名。如果输入新

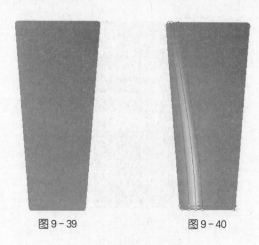

图9-39 图9-40

图9-41

06

用"钢笔工具"绘制蓝色瓶瓶盖部分,形状如图9-42所示。填充颜色(R0,G120,B147),完成效果如图9-43所示。单击"网格工具"添加网格线。直接用"网格工具",按住Ctrl键调节网格路径上的节点位置以及手柄的走向。最后效果如图9-44所示。

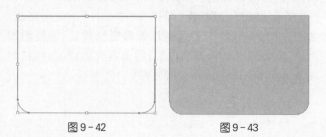

图9-42 图9-43

的文件名,每次运行动作时,都会记录和使用该新名称。在存储之前,如果浏览另一个文件夹,则可以指定另一位置而不必指定文件名。

(5)执行要记录的操作和命令。不是动作中的所有任务都可以直接记录,可以用"动作"面板菜单中的命令插入大多数无法记录的任务。

(6)若要停止记录,单击"停止播放/记录"按钮,或从"动作"面板菜单中选择"停止记录"。

在动作中插入不可记录的任务

并非动作中的所有任务都能直接记录。例如,对于"效果"和"视图"菜单中的命令,用于显示或隐含面板的命令,以及使用选择、钢笔、画笔、铅笔、渐变、网格、吸管、实时上色工具和剪刀等工具的情况,则无法记录。

批处理命令

批处理命令用来对文件夹和子文件夹播放动作。也可以用"批处理"命令为带有不同数据组的数据驱动图形合成一个模板。

(1)从"动作"面板菜单中选择"批处理"。

(2)对于"播放",选择要播放的动作。

(3)对于"源",选择要播放动作的文件夹,或选择"数据组"以对当前文件中的各数据组播放动作。如果选择某个文件夹,则可以为播放动作设置附加选项。

(4)对于"目标",指定要对已处理文件进行的操作。可以保持文件打开而不存储更改("无"),或是在其当前位置存储和关闭文件("存储并关闭"),或者将文件存储

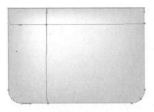

图 9 - 44

07

再绘制灰色瓶盖部分。用与步骤 06 同样的方法绘制出瓶盖形状及调整网格。完成的效果如图 9 - 45 所示。

图 9 - 45

08

绘制瓶盖凹口处。使用"网格工具"绘制网点，再在瓶盖轮廓需要有颜色高光变化的各个位置设置网格节点，并且调节各节点手柄的位置及走向。完成的效果如图 9 - 46 所示。

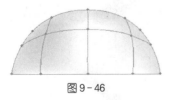

图 9 - 46

09

用"直接选择工具"调整图形的位置和前后顺序。用"直接选择工具"框选瓶盖的三个部分，使用快捷键 Ctrl + G 将其编组，效果如图 9 - 47 所示。

到其他位置（"文件夹"）。

根据所选"目标"选项，可以为存储文件设置附加选项。

（5）指定要 Illustrator 在批处理过程中处理错误的方式。如果选择"将错误记录到文件"，单击"存储为…"命令并为错误文件命名。

（6）单击"确定"按钮。

批处理选项

如果为"源"选择"文件夹"，可以设置下列选项：

（1）忽略动作的打开命令：从指定的文件夹打开文件，忽略记录为原动作部分的所有"打开"命令。

（2）包含所有子目录：处理指定文件夹中的所有文件和文件夹。

如果动作含有某些存储或导出命令，可以设置下列选项：

（1）忽略动作的存储命令：将已处理的文件存储在指定的目标文件夹中，而不是存储在动作中记录的位置上。单击"选择"以指定目标文件夹。

（2）忽略动作的导出命令：将已处理的文件导出到指定的目标文件夹中，而不是存储在动作中记录的位置上。单击"选择"以指定目标文件夹。

如果为"源"选择"数据组"，可以设置一个在忽略"存储"和"导出"命令时生成文件名的选项：

（1）文件 + 数字：生成文件名。方法是取原文档的文件名，去掉扩展名，然后缀以一个与该数据组对应的三位数字。

（2）文件 + 数据组名称：生成文件名。方法是取原文档的文件名，去掉扩展名，然后缀以下划线加该数据组的名称。

（3）数据组名称：取数据组的名称生成文件名。

图 9-47

10

绘制月亮 logo。选择"椭圆工具",按住 Shift 画出一个圆,填充黑色,如图 9-48 所示。再在旁边绘制另一个圆,填充白色,放置位置如图 9-49 所示。使用"路径查找器减去"顶层,完成效果如图 9-50 所示。

图 9-48

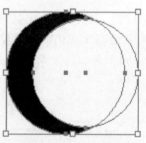

图 9-49

图 9-50

11

使用"文字工具"输入化妆品上面的产品信息，文字和 logo 的排列效果如图 9-51 所示。再将文字与 logo 移到产品的相应位置上最终的完成如图 9-52 所示。

图 9-51   图 9-52

12

用同样的方法绘制另外的一个化妆产品，瓶盖部分效果如图 9-53、图 9-54 所示；瓶身部分效果如图 9-55 所示。同样的方法为产品添加 logo 和文字，最后完成的效果如图 9-56 所示。

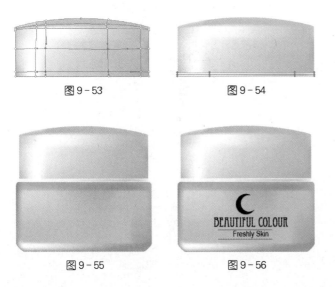

图 9-53   图 9-54

图 9-55   图 9-56

13

用"剪切蒙版"制作投影,完成效果如图 9 – 57 所示。

图 9 – 57

14

在画面的其他位置添符号元素,丰富画面的同时突出化妆品,完成效果如图 9 – 58 所示。至此,本实例制作完成。

图 9 – 58

Illustrator

平面图形设计项目制作教程

本章小结

　　本章通过实例讲述了使用 Illustrator 进行产品造型设计与制作产品的过程，并对其中涉及的知识点如动作面板、记录动作、导入文件、存储图稿等予以提炼讲解。

课后练习

❶ 简要说明如何设置动作面板、记录动作。

❷ 设计一个香水瓶的造型。

全国信息化工程师——NACG数字艺术人才培养工程简介

一、工业和信息化部人才交流中心

工业和信息化部人才交流中心（以下简称中心）是工业和信息化部直属的正厅局级事业单位，是工业和信息化部在人才培养、人才交流、智力引进、人才市场、人事代理、国际交流等方面的支撑机构，承办工业和信息化部有关人事、教育培训、会务工作。

"全国信息化工程师"项目是经国家工业和信息化部批准，由工业和信息化部人才交流中心组织的面向全国的国家级信息技术专业教育体系。NACG数字艺术人才培养工程是该体系内针对数字艺术领域的专业教育体系。

二、工程概述

- 项目名称：全国信息化工程师—NACG数字艺术才培养工程
- 主管单位：国家工业和信息化部
- 主办单位：工业和信息化部人才交流中心
- 实施单位：NACG教育集团
- 培训对象：高职、高专、中职、中专、社会培训机构

现代艺术设计离不开信息技术的支持，众多优秀的设计类软件以及硬件设备支撑了现代艺术设计的蓬勃发展，也让艺术家的设计理念得以完美的实现。为缓解当前我国数字艺术专业技术人才的紧缺，NACG教育集团整合了多方资源，包括业内企业资源、先进专业类院校资源，经过认真调研、精心组织推出了NACG数字艺术 & 动漫游戏人才培养工程。NACG数字艺术人才培养工程以培养实用型技术人才为目标，涵盖了动画、游戏、影视后期、插画/漫画、平面设计、网页设计、室内设计、环艺设计等数字艺术领域。这项工程得到了众多高校及培训机构的积极响应与支持，目前遍布全国各地的300多家院校与NACG进行教学合作。

经过几年来自实践的反馈，NACG教育集团不断开拓创新、完善自身体系，积极适应新技术的发展，及时更新人才培养项目和内容，在主管政府部门的领导下，得到越来越多合作企业、合作院校的高度认可。

三、工程特色

　　NACG 数字艺术才培养工程强调艺术设计与数字技术相结合,跟踪业界先进的设计理念与技术创新,引入国内外一流的课程设计思想,不断更新完善,成为适合国内的职业教育资源,努力打造成为国内领先的数字艺术教育资源平台。

　　NACG 数字艺术才培养工程在课程设计上注重培养学生综合及实际制作能力,以真实的案例教学让学生在学习中可以提前感受到一线企业的要求,及早弥补与企业要求之间存在的差距。NACG 实训平台的建设让学生早一步进入实战,在学生掌握职业技能的同时,相应提高他们的职业素养,使学生的就业竞争力最大限度地得以提高。

　　NACG 教育集团通过与院校在合作办学、合作培训、学生考证、师资培训、就业推荐等方面的合作,帮助学校提升办学质量,增强学生的就业竞争力。

四、与院校的合作模式

- 数字艺术专业学生的培训 & 考证
- 数字艺术专业教材
- 合作办学
- 师资培训
- 学生实习实训
- 项目合作

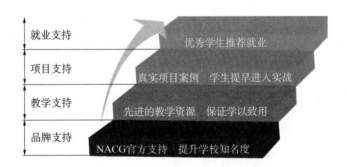

五、NACG 发展历程

- NACG 自 2006 年 9 月正式发布以来,以高品质的课程、优良的服务,得到了越来越多合作院校的认可
- 2007 年 1 月获得包括文化部、教育部、广电总局、新闻出版总署、科技部在内的十部委扶

持动漫产业部级联席会议的高度赞赏与认可,并由各部委协助大力推广

- 2007 年 5 月在上海建立了动漫游戏实训中心
- 2007 年 9 月受上海市信息委委托开发动漫系列国家 653 知识更新培训课程,出版了一系列动漫游戏专业教材
- 2008 年与合作院校共同开发的"三维游戏角色制作"课程被评为教育部高职高专国家精品课程
- 2009 年 8 月出版了系列动漫游戏专业教材
- 2009 年 9 月 NACG 开发的"数码艺术"系列课程通过国家信息专业技术人才知识更新工程认定,正式被纳入国家信息技术 653 工程
- 2010 年 10 月纳入工业和信息化部主管的"全国信息化工程师"国家级培训项目
- 截至 2012 年 3 月,合作院校达到 300 多家
- 截至 2012 年 3 月,和教育部师资培训基地合作,共举办 20 期数字艺术师资培训,累计培训人数达 1 200 多人次,涉及动画、游戏、影视特效、平面及网页设计等课程
- 截至 2012 年 3 月,举办数字艺术高校技术讲座 260 余场、校企合作座谈会 60 多场
- 2012 年 5 月,组编"工信部全国信息化工程师—NACG 数字艺术人才培养工程指定教材/高等院校数字媒体专业'十二五'规划教材",由上海交通大学出版社出版

六、联系方式

全国服务热线:400 606 7968 或 02151097968

官方网站:www.nacg.org.cn

Email:info@nacg.org.cn

全国信息化工程师—NACG 数字艺术人才培养工程培训及考试介绍

一、全国信息化工程师—NACG 数字艺术水平考核

全国信息化工程师水平考试是在国家工业和信息化部及其下属的人才交流中心领导下组织实施的国家级专业政府认证体系。该认证体系力求内容中立、技术知识先进、面向职业市场、通用知识和动手操作能力并重。NACG 数字艺术考核体系是专业针对数字艺术领域的教育认证体系。目前全国有近 300 家合作学校及众多数字娱乐合作企业,是目前国内政府部门主管的最权威、最专业的数字艺术认证培训体系之一。

二、NACG 考试宗旨

NACG 数字艺术人才培养工程培训及考试是目前数字艺术领域专业权威的考核体系之一。该认证考试由点到面,既要求学生掌握单个技术点,更注重实际动手及综合能力的考核。每个科目均按照实际生产流程,先要求考生掌握具体的技术点(即考核相应的软件使用技能);再要求学生制作相应的实践作品(即综合能力考,要求考生掌握宏观的知识),帮助学生树立全局观,为今后更高的职业生涯打下坚实基础。

三、NACG 认证培训考试模块

学校可根据自身教学计划,选择 NACG 数字艺术人才培养工程下不同的模块和科目组织学生进行培训考试。

由于培训科目不断更新,具体的培训认证信息请浏览www. nacg. org. cn网站。

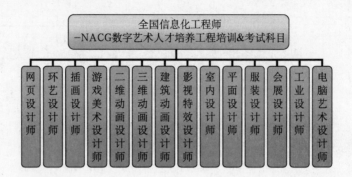

全国信息化工程师
－NACG数字艺术人才培养工程培训&考试科目

网页设计师　环艺设计师　插画设计师　游戏美术设计师　二维动画设计师　三维动画设计师　建筑动画设计师　影视特效设计师　室内设计师　平面设计师　服装设计师　会展设计师　工业设计师　电脑艺术设计师

四、证书样本

通过考核者可以获得由工业和信息化部人才交流中心颁发的"全国信息化工程师"证书。

五、联系方式

全国服务热线：400 606 7968 或 02151097968
官方网站：www.nacg.org.cn
Email：info@nacgtp.org